T. Kiran
B. S. Surendra
R. Namitha

Estudo Fotocatalítico de Filmes Finos de Óxidos de Metais de Transição

T. Kiran
B. S. Surendra
R. Namitha

Estudo Fotocatalítico de Filmes Finos de Óxidos de Metais de Transição

Síntese de filmes finos de TMO pelo método sol-gel

ScienciaScripts

Imprint

Any brand names and product names mentioned in this book are subject to trademark, brand or patent protection and are trademarks or registered trademarks of their respective holders. The use of brand names, product names, common names, trade names, product descriptions etc. even without a particular marking in this work is in no way to be construed to mean that such names may be regarded as unrestricted in respect of trademark and brand protection legislation and could thus be used by anyone.

Cover image: www.ingimage.com

This book is a translation from the original published under ISBN 978-620-8-11609-5.

Publisher:
Sciencia Scripts
is a trademark of
Dodo Books Indian Ocean Ltd. and OmniScriptum S.R.L publishing group

120 High Road, East Finchley, London, N2 9ED, United Kingdom
Str. Armeneasca 28/1, office 1, Chisinau MD-2012, Republic of Moldova, Europe
Printed at: see last page
ISBN: 978-620-3-35650-2

Conteúdo

PREFÁCIO

As estratégias de investigação incluem a substituição de materiais tóxicos pesados por materiais menos ou não tóxicos, o progresso de reagentes de suporte sólido, a introdução de técnicas ecológicas de síntese, a conceção de produtos e outros aspectos importantes. A prática de nanomateriais ecológicos para uma utilização eficaz da energia solar tem sido um tópico fundamental na investigação da fotocatálise da luz visível. O material possui excelentes vantagens como estabilidade, elevada reatividade, eficiência, reutilização, etc. A procura atual de técnicas de purificação da água tornou-se um dos principais desafios para uma melhoria sustentável. Por conseguinte, a recuperação da água é um tema de investigação em constante desenvolvimento, orientado para a utilização racional deste recurso crucial e útil. Na situação atual, a degradação fotocatalítica tem recebido um interesse crescente como uma estratégia eficaz e promissora para eliminar corretamente a poluição orgânica contínua do meio aquoso. As películas finas de TMO são utilizadas na degradação fotocatalítica da poluição natural. As películas de nanopartículas são as mais avançadas atualmente, tanto em termos de conhecimentos médicos como de embalagens comerciais.

Atualmente, estas películas finas encontram aplicações importantes porque são quimicamente, fisicamente, eletricamente, magneticamente, opticamente e mecanicamente distintas e também porque as suas propriedades podem ser controladas através da afinação da sua estrutura cristalina, composição e tamanho. Os materiais à escala nanométrica têm uma grande variedade de formas e tamanhos e são utilizados numa vasta gama de aplicações atribuíveis às suas novas residências, tais como a capacidade de adaptação da superfície, a solubilidade progressiva e assim por diante. Na década anterior, os académicos deram grande atenção aos semicondutores baseados em nano-óxidos metálicos de pequenas dimensões devido às suas potenciais aplicações físico-químicas múltiplas. Entre estes óxidos metálicos, as películas finas de ZnO são eficientes, quimicamente estáveis, pouco tóxicas e com um baixo intervalo de energia. Além disso, uma película fina de ZnO tem mais importância devido às suas excelentes aplicações, tais como a separação de água, a redução de CO_2, os sensores, a fotocatálise, etc. O nosso trabalho de investigação visou catalisadores de ZnO devido à sua elevada eficiência catalítica e produtos finais não tóxicos para a descoloração fotocatalítica de poluentes naturais. Por conseguinte, pode ser necessária uma orientação específica e económica para reduzir a gama de poluição sem descarregar subprodutos tóxicos. Verificou-se que vários estudiosos introduziram iões de terras raras (ER) na rede do material hospedeiro para decorar as reacções catalíticas. Entre os iões ER, o Sm^{3+} é utilizado como um ativador adequado que apresenta uma luminescência penetrante e as transições orbitais f.

Síntese e investigação fotocatalítica de filmes finos de óxidos de metais de transição
pelo método Sol-Gel

Dr. Kiran T
Professor Assistente do
Departamento de Química,
Instituto de Tecnologia SJB,
Bengaluru -560060,
Karnataka - Índia
Dr. Surendra B S
Professor Assistente
do Departamento de Química,
Dayananda Sagar College of Engineering,
Shavige Malleshwara Hills,
Kumaraswamy layout,
Bengaluru -560111, Índia.
Dr. Namitha R
Faculdade de Engenharia e Tecnologia,
Jain Deemed -to-be University,
Jakkasandra(P), Kanakapura (T),
Ramanagara -562112,
Karnataka - Índia

1. Introdução

1.1 Nanomateriais

A nanotecnologia é descrita como a análise e a utilização de estruturas cuja dimensão das partículas se situa entre 1 e 100 nanómetros. A capacidade dos materiais de dimensão nanométrica abriu um mundo de possibilidades numa diversidade de indústrias e actividades científicas. A nanotecnologia é um conjunto de técnicas que permite a manipulação de propriedades a uma escala muito pequena e pode ser utilizada para muitos fins, como o sistema de administração de medicamentos, a limpeza de produtos químicos na água, o aumento da resistência dos materiais, etc. [1-5]. Embora o termo nanotecnologia se tenha tornado popular na linguagem científica durante a década de 1990, o conceito tinha despertado a atenção e passou a ser considerado um tema de investigação em 1959, após a palestra do Prémio Nobel Richard Feynman, intitulada "Há muito espaço no fundo", em que propôs a ideia aparentemente fantástica de escrever os 24 volumes da Britannica na cabeça de um alfinete! [6]. Na sua apresentação inovadora, Feynman projectou a ideia de fabricar dispositivos electrónicos minúsculos e complexos, que a indústria eletrónica de fabrico é capaz de fazer, e de os introduzir no corpo humano para que desempenhem a função biológica de reparação celular a nível molecular. Explicou como esses dispositivos podem ser dimensionados até ao nível atómico [7-10]. Desde que estes conceitos foram apresentados, estão a ser realizados estudos extensivos para investigar e compreender o comportamento dos materiais relacionado com o tamanho.

Os nanomateriais de diferentes tamanhos e formas, tais como fios, tubos, varetas e compósitos, estão atualmente a ser investigados pelo seu potencial para revolucionar as aplicações tecnológicas [11, 12]. Em 1974, o investigador japonês Norio Taniguchi expôs o modo como a nanotecnologia pode ser aplicada à engenharia de circuitos integrados, dispositivos mecânicos, dispositivos de memória de computador e materiais optoelectrónicos à escala nanométrica [13]. Nas nanoescalas, as propriedades da matéria são predominantemente regidas por efeitos de área superficial; os efeitos de confinamento quântico instigam a reger as propriedades da matéria. O significado do efeito de tamanho quântico torna-se pronunciado quando o comprimento de onda de de-Broglie do ião de valência de uma partícula se torna comparável ao tamanho das próprias nanopartículas [14-20].

Nos anos 70, a técnica de litografia por feixe de electrões foi popularmente utilizada para fabricar várias nanoestruturas na gama de tamanhos de 40-70 nm.

A nanotecnologia recebeu um impulso em 1981, quando Gerd Binnig et al, do Laboratório de Investigação de Zurique, desenvolveram o SEM, que tornou possível o estudo de uma superfície sólida com resoluções à escala atómica. K. Eric Drexler, no seu livro, delineou o potencial da tecnologia para o futuro, particularmente a criação de objectos maiores a partir da auto-montagem de componentes atómicos e moleculares de uma forma ordenada e funcional numa abordagem "de baixo para cima" [21]. A nanotecnologia está a avançar rapidamente em vários domínios, como a biologia, a química, a física e a ciência dos materiais, demonstrando a sua versatilidade e desempenhando um papel vital na melhoria da sociedade. Os nanomateriais com dimensões inferiores a cem nanómetros podem apresentar propriedades químicas, electrónicas, magnéticas, ópticas e outras mais elevadas, que são frequentemente muito diferentes das dos seus homólogos micro consistentes, devido aos efeitos de confinamento quântico e à grande relação superfície/volume.

O tamanho e a distribuição das nanopartículas, as caraterísticas químicas das fases constituintes, a presença de interfaces, sobretudo fronteiras de partículas, interfaces heterofásicas ou a superfície livre, e as interações entre os átomos que constituem as fases constituintes afectam as várias propriedades dos nanomateriais. A personalização das propriedades dos materiais com a ajuda de confinamentos 1-D, 2-D e 3-D irá desenvolver o campo da luminescência com grandes melhorias no armazenamento de dados digitais, processamento de imagens, transferência de informação ótica, fotónica, etc. [22-28].

1.2 Síntese de nanomateriais

Durante os últimos anos, a síntese de materiais nano-estruturados tornou-se uma moda. A síntese de um material estruturado com o comprimento de escala correto é crucial para descobrir a sua construção e estrutura. A produção de nanoestruturas com tamanhos completamente diferentes é criada através de abordagens "Top-down" e "Bottom-up", conforme apresentado na Fig. **1.1** [29].

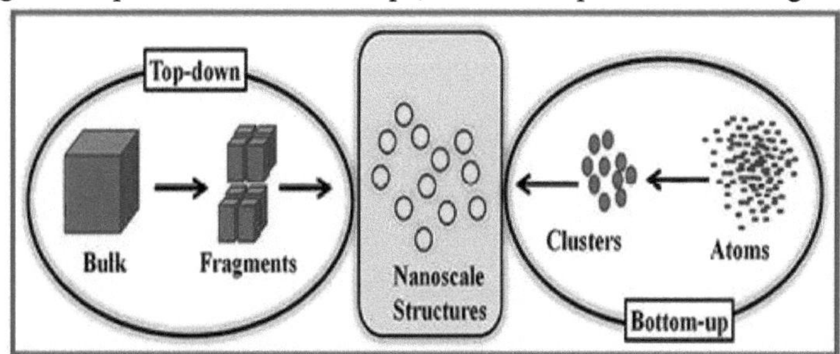

Fig.1.1 Fabrico (complexidade) de materiais através de abordagens "Top-down" e "Bottom-up

1.3 Métodos de preparação de nanomateriais

As formas de fazer nanoestruturas são muito variadas: de facto, as macromoléculas ou os NPS ou as bolas de Bucky ou os nanotubos podem ser preparados por meios artificiais, com funções específicas. Serão mesmo organizados por estratégias apoiadas pela ciência física de equilíbrio ou quase equilíbrio, como as estratégias de organização e de auto-montagem. Através destas estratégias, os materiais preparados podem ser organizados em formas úteis para que, finalmente, o tecido possa ser aplicado a uma aplicação precisa.

As estratégias mais comuns utilizadas para a produção industrial de NPs são também classificadas em três categorias principais:

❖ Os processos de peças de gás envolvem a deposição de vapor, a mudança de chama, a evaporação a quente e uma síntese de plasma.

❖ A parte líquida envolve reacções químicas em solventes que provocam a síntese de colóides e aerossóis.

❖ A técnica Sol-gel envolve processos mecânicos de peças sólidas, bem como retificação, afiação e liga.

1.31 Síntese em fase de vapor

As técnicas comuns podem ser classificadas vagamente como deposição física de vapor (PVD) ou deposição química de vapor (CVD). A PVD envolve a transformação de uma substância sólida numa parte vaporífica através de um processo físico. O material vaporífico arrefecido é re-depositado num substrato com algumas modificações, como uma reação com gás. O precursor ou material no estilo de um sólido, líquido ou gás é introduzido no reator onde quer que seja aquecido e misturado com um gás de transporte. O vapor concentrado é produzido por arrefecimento. O desenvolvimento de um pequeno núcleo a partir da porção molecular inicia o processo de nucleação. Estes núcleos expandem-se por processos orgânicos e mecanismos de crescimento superficial. Quaisquer colisões podem resultar na formação de aglomerados ou cadeias [30].

1.32 Síntese em fase líquida

A precipitação de nanopartículas a partir de uma solução de misturas químicas pode ser agrupada em quatro classes significativas:

1) métodos coloidais
2) Precipitação de soluções
3) Processamento de sol- gel e
4) Método de co-precipitação

A produção de nanopartículas através de algumas das técnicas acima referidas é discutida de seguida.

1.33 Técnica Sol-gel

A técnica sol-gel é um dos processos químicos húmidos mais antigos para a produção de NPs de compostos metálicos por via química que incorpora a reação, a gelificação, observada com a ajuda da secagem e, mais cedo ou mais tarde, o tratamento térmico, como se mostra na **Fig.1.2**. Nesta técnica, os alcóxidos metálicos são utilizados como precursores metálicos reactivos e hidrolisados com H2O. Ao incluir os reagentes perfeitos, os géis são criados através das abordagens de reação química e gelificação. O precipitado é posteriormente lavado e seco a temperaturas elevadas para obter nanopartículas cristalinas de compostos químicos metálicos [31-35].

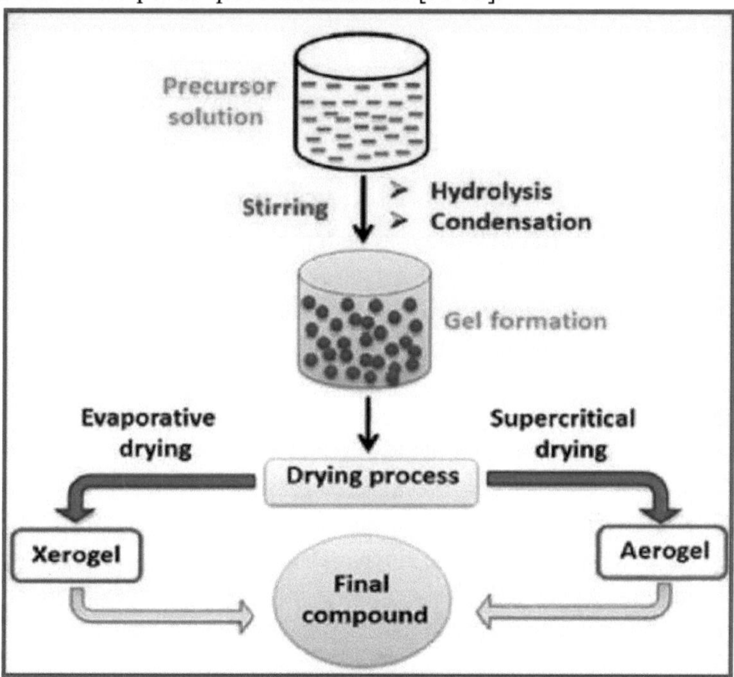

Fig. 1.2. Fluxograma da tecnologia Sol-gel

A abordagem sol-gel é considerada útil para alterar as superfícies dos substratos. A vantagem mais importante do processo sol-gel é a capacidade de obter superfícies estáveis e uma grande área de superfície. Os parâmetros experimentais utilizados para influenciar as caraterísticas químicas e físicas dos materiais gerados pelo método sol-gel.

1.34 Antecedentes das películas finas

Os óxidos metálicos têm uma vasta gama de caraterísticas funcionais que são determinadas pela sua estrutura cristalina, topologia, composição, defeitos inerentes, dopagem e outros elementos que afectam as suas capacidades ópticas, eléctricas, químicas e catalíticas. Centra-se nas películas finas de óxidos metálicos TiO2 e ZnO, que são as mais prevalecentes e reconhecidas como sendo baratas, estáveis, económicas e, mais importante, ecologicamente

benignas para uma estratégia de recuperação ambiental a longo prazo [36-38].
Entretanto, esta investigação centra-se nas actividades fotocatalíticas destes
óxidos metálicos, bem como em novas descobertas, dificuldades e alterações
introduzidas nestes óxidos metálicos, a fim de ultrapassar os seus limites e
melhorar a sua aplicação na atividade fotocatalítica. As películas finas de óxidos
metálicos têm sido produzidas utilizando várias técnicas, incluindo o método
Solgel, a deposição química, a deposição a laser, a pirólise por pulverização e a
eletrodeposição. A abordagem Sol-gel é utilizada com sucesso no nosso trabalho
atual para produzir películas finas de óxido de metal de transição.

As películas finas de óxido metálico têm uma grande variedade de aplicações
devido às suas propriedades físico-químicas exclusivas, incluindo a remoção de
metais pesados, entre outras coisas, a degradação fotocatalítica de poluentes
orgânicos, aplicações biomédicas, revestimento têxtil para dispositivos
electrónicos portáteis e deteção de gases perigosos [39, 40]. As caraterísticas das
películas finas de óxido metálico têm várias utilizações em diversos sectores,
como aplicações fotocatalíticas, lasers, biossensores e aplicações biomédicas,
bem como várias tecnologias de armazenamento de energia, como células
solares, baterias e supercondensadores, etc.[41,42]. Muitos novos domínios de
investigação em física e química do estado sólido, que se baseiam em
fenómenos com propriedades particulares da espessura, geometria e estrutura da
película, foram melhorados por investigações em película fina [43-46].

1.4.1 Filmes finos de óxidos metálicos de transição

1.4.1.1 Películas finas de óxido de zinco e TiO2

O ZnO é um semicondutor flexível e de baixo custo com um grande intervalo de
banda direta que pode ser utilizado numa diversidade de aplicações científicas e
tecnológicas. Neste artigo, descreve-se a produção de películas finas de óxido de
zinco utilizando uma técnica de síntese Sol-gel simples e de baixo custo. Devido
às suas caraterísticas físicas e químicas substanciais, o ZnO é o material mais
adequado para várias aplicações. As películas finas de óxido de zinco foram
desenvolvidas para uma variedade de utilizações industriais. As NPs de óxido de
zinco mostraram-se promissoras em aplicações biológicas devido às suas
propriedades anticancerígenas e antibacterianas. A oxidação fotoinduzida de
nanopartículas de ZnO foi também considerada como tendo caraterísticas
antibacterianas. O ZnO foi dopado com vários metais para melhorar a eficiência
da utilização da energia solar, aumentar a atividade fotocatalítica e melhorar as
propriedades antibacterianas. O ZnO dopado com cobalto demonstrou ter
propriedades antimicrobianas. Apresentamos aqui a produção de películas finas
de óxido de zinco pelo método sol-gel. As películas finas geradas desta forma
podem ser utilizadas como fotocatalisadores com base nas suas caraterísticas

[47-52].

Os materiais de dióxido de titânio são fabricados em grande número em todo o mundo para utilização numa variedade de aplicações. Quando comparados com os seus análogos de partículas finas, os materiais de TiO2 têm caraterísticas físico-químicas distintas, que podem afetar a sua bioatividade. O material TiO2 é insolúvel e tem baixa toxicidade. Devido à sua forte atividade catalítica, o TiO2 é amplamente utilizado na indústria e em aplicações de consumo. O seu tamanho mais pequeno, que resulta numa maior área de superfície por unidade de massa, tem sido associado a um aumento da atividade catalítica. O material torna-se cada vez mais bio-reativo à medida que a sua relação área de superfície/volume aumenta, suscitando preocupações quanto à sua potencial toxicidade. Devido às suas propriedades fotoprotectoras, os materiais de TiO2 são normalmente utilizados em protectores solares. O material TiO2 tem a vantagem de ser transparente e de bloquear melhor os raios UV.

Devido às suas nanodimensões, podem ter propriedades eléctricas, térmicas e mecânicas que são úteis para uma variedade de aplicações. A exposição humana às nanopartículas (NPs) tem aumentado devido à sua aplicação em sectores como a alimentação, os medicamentos, os cosméticos, a biomedicina, a aeronáutica, os têxteis e a engenharia ambiental. O material TiO2 sob a forma de anatase adquiriu um grupo de interesse no sector da construção devido à sua capacidade de acrescentar novas funcionalidades às infra-estruturas, como a auto-limpeza e a capacidade de eliminar os poluentes atmosféricos através da fotocatálise. Os semicondutores TiO2 funcionam como fotocatalisadores quando sujeitos a luz ultravioleta na presença de um gás ou líquido [53-58].

1.4.1.2 Trabalhos sobre películas finas de óxidos metálicos de transição de ZnO e TiO2

❖ Ke-ming Zhang et al. [59], no ano de 2007, descreveram a síntese de filmes finos de óxido de zinco pelo processo Sol-gel. Os filmes finos de ZnO em substrato de Si (111) monocristalino foram sintetizados pelo processo sol-gel e bem caracterizados por AFM, SEM e análise XRD. Os resultados das medições das películas finas de ZnO mostram que a constante piezoeléctrica não é dependente da frequência a baixa frequência, mas é dependente da frequência elevada.

❖ Hye-Jeong Park et al.[60], no ano de 2010, prepararam as Células Solares Orgânicas Invertidas com filmes finos de óxido de zinco pelo processo Sol-Gel. Neste trabalho, as morfologias de superfície e as qualidades ópticas dos filmes finos de ZnO que foram fabricados pelo processo sol-gel foram investigadas e optimizadas para estruturas de células solares inorgânicas-orgânicas invertidas. A transmitância melhorou aproximadamente 10% mais com um depósito até três vezes maior. Encontrámos a espessura ideal e depositámos uma camada de óxido de zinco transparente utilizando o processo sol-gel. A camada tampão de óxido de zinco influenciou o Jsc das IOSCs devido aos factores combinados da mobilidade dos electrões e da captação de luz.

❖ **Preeti Chaudhary** et al.[61]relataram a síntese de películas finas de ZnO para aplicações optoelectrónicas utilizando o processo sol-gel de revestimento por imersão. O método de revestimento por imersão sol-gel de baixo custo foi utilizado em substratos de vidro para criar a primeira película fina de ZnO. O conjunto hexagonal de wurtzite foi descoberto por investigação de difração de raios X. O intervalo de banda de energia direta de 3,21 eV é visível na película. O óxido de zinco tem uma caraterística luminescente sólida, de acordo com a medição PL. Os resultados gerados a partir deste estudo são adequados para dispositivos optoelectrónicos no ano de 2019.

❖ **G. Naga Venkatesh** et al.[62] sintetizaram películas finas de óxido de zinco fabricadas pelo método Spin Coating Sol-gel para células solares. As películas de ZnO fabricadas em substratos de silício e vidro foram caracterizadas e estudadas. A medição FTIR confirmou diferentes tipos de ligações químicas na superfície da película preparada. Verificou-se que os bordos de absorção se deslocam para um comprimento de onda superior com o aumento do número de revestimentos. A partir da medição UV, verificou-se que o pico de absorção se situa a 370 nm, enquanto a transmissão na região visível e a absorção na região UV indicam o intervalo de banda ideal das películas de ZnO. O estudo AFM mostrou a estrutura uniforme das nanoestruturas de ZnO com grãos de forma esférica sem quaisquer fissuras. Finalmente, este relatório é útil para compreender as propriedades ópticas das películas de ZnO revestidas por spin sol-gel e sugere que este material é um candidato promissor para ser útil como revestimento antirreflexo para células solares baseadas em película fina.

❖ **S. Haya** et al.[63] 2017 estudaram o fabrico, o estudo estrutural e ótico de películas finas de ZnO sintetizadas pelo processo sol-gel foto-assistido. Filmes finos de óxido de zinco cristalino foram fabricados com sucesso usando um processo sol-gel foto-assistido, que é baseado no princípio da síntese fotoquímica. A irradiação UV de películas finas de ZnO amorfo revestidas em substratos de vidro conduziu à cristalização e ao crescimento de nanocristalitos de ZnO. A irradiação UV pode substituir o tratamento térmico utilizado nos métodos convencionais para a síntese de soluções químicas. Os cristalitos de ZnO incluem vários tipos de defeitos, como mostra o espetro de fotoluminescência.

❖ **Bessekhouad** e colaboradores [64] descreveram técnicas de Sol-gel e de impregnação para criar nanopartículas de TiO_2 dopadas com álcalis (lítio, sódio e potássio). De acordo com o estudo, o tipo e a concentração do alcalino têm um impacto significativo na capacidade de cristalização dos catalisadores. O TiO2 dopado com lítio obtém a máxima cristalinidade, enquanto o TiO2 dopado com K obtém a menor.

❖ **Chen** e colaboradores [65] sintetizaram o TiO2 dopado com K^+ pelo processo sol gel a partir de hidróxido de potássio e isopropóxido de titânio. A partir do estudo, verificou-se que o TiO2 dopado era mais fotoactivo do que o TiO2 não dopado. A temperatura à qual a anátase se transforma na fase rutilo, a área de superfície e o tamanho dos cristais de TiO2 aumentam com a dopagem com K^+. O catalisador foi utilizado para a fotodegradação de corantes Supra Blue BRL (BRL).

❖ **Ghasemi** e colaboradores [66] sintetizaram TiO2 dopado com metal de transição (TM) nanocristalino utilizando o processo sol-gel. Utilizaram o formiato de 2-hidroxil etil amónio como um líquido iónico como meio solvente. Doparam metais de transição como Cr, Mn, Fe, Co, Ni, Cu e Zn com TiO2. Os resultados demonstraram que, em comparação com o TiO2 puro, as nanopartículas dopadas têm uma área de superfície maior e um tamanho cristalino mais pequeno. Devido aos iões dopantes na estrutura do TiO2, descobriram uma impressionante mudança de absorção para a área visível. Para a degradação do AB92 em água, as nanopartículas de TiO2 dopadas com TM mostraram maior atividade fotocatalítica do que o TiO2 puro. A maior eficiência na geração de electrões-furos e a diminuição da taxa de recombinação electrões-furos podem ser as causas do aumento da atividade.

❖ **Rauf** e colaboradores [67] estudaram a degradação de corantes azóicos utilizando TiO2 dopado com metais de transição (Cr, Cu, Fe, Mn, Zn, V, Ag e W) como fotocatalisadores em soluções aquosas. Estes dopantes aumentam a absorção de luz reduzindo a recombinação de e^+ e h^+ em CB e VB, respetivamente. Isto resulta num estreitamento do intervalo de banda ou na formação de estados de intervalo intra-banda.

❖ **Sokemon** e colaboradores [68] sintetizaram TiO2 carregado com prata. Para a degradação fotocatalítica de pigmentos orgânicos, este catalisador foi investigado. O Maxilon Red GRL, um corante mono azo básico, o Cibacron Blue FMR, um corante reativo, e o violeta de metilo, um corante catiónico, foram alguns dos corantes utilizados no estudo de degradação.

❖ **Marami** e os seus colaboradores [69] prepararam TiO2 dopado com Fe através do método simples de síntese sol-gel. O estudo dos padrões de XRD revelou a coexistência das fases rutilo e anatase e a estrutura foi determinada como sendo tetragonal tanto para o TiO2 não dopado como para o dopado.

❖ **Zhu** e colaboradores [70] prepararam fotocatalisadores de TiO2 dopados com ferro através da mistura do processo sol-gel com o método hidrotérmico. Esta técnica produziu novos fotocatalisadores com elevadas áreas de superfície, estrutura mesoporosa e pequenos tamanhos de cristal. Além disso, este catalisador tem também uma enorme quantidade de água adsorvida à superfície e grupos hidroxilo que contribuem para a sua elevada atividade fotocatalítica. Este estudo revelou que houve uma diminuição no teor de dopagem de Fe^{3+} da superfície para o núcleo.

❖ Devi e colaboradores [71] criaram TiO2 anatase dopado com iões de metais de transição divalentes Mn^{2+}, Ni^{2+} e Zn^{2+}. A atividade fotocatalítica destes catalisadores foi investigada na decomposição do azul de anilina sob radiação solar e UV. Na sua investigação, descobriram que o Mn^{2+} promove a mudança de fase para rutilo em resultado da criação de vagas de oxigénio na superfície, enquanto os iões metálicos dopantes Ni^{2+} e Zn^{2+} estabilizam a fase anatase. De acordo com este estudo, a anatase e o rutilo na sua estrutura bicristalina apresentam um efeito sinérgico, uma menor dimensão dos cristais permite uma transferência eficaz de electrões entre partículas e a estrutura eletrónica semi-preenchida do Mn^{2+} funciona como uma armadilha pouco profunda para os portadores de carga. Todos estes factores contribuem para o aumento da atividade do Mn^{2+} (0,06 at. por cento)-TiO2.

1.5 Caracterização de filmes finos de óxidos metálicos

As películas finas de óxido metálico podem ser caracterizadas através de numerosos métodos modernos. A resolução estrutural e as capacidades de análise química em pequenas dimensões laterais e de profundidade são as suas principais caraterísticas distintivas. A caraterização estrutural das películas finas de óxidos metálicos será estudada através de várias técnicas, como a microscopia eletrónica de varrimento (SEM), a difração de raios X (XRD), o microscópio de força atómica (AFM) e as propriedades ópticas através de espetroscopia UV-Visível, espetroscopia de reflexão difusa (DRS), análise de raios X por difração de electrões (EDAX), etc.

1.6 Importância das películas finas de ZnO e TiO2

De acordo com investigadores anteriores, os materiais mais comuns utilizados como fotocatalisadores são o ZnO e o TiO2. Quando exposto à luz UV, o óxido de zinco, que tem uma área de superfície definida maior do que os materiais a granel (ou seja, regiões altamente agudas), produz portadores de carga fotogerados e espécies reactivas de oxigénio (ROS), como os radicais hidroxilo, que promovem a adsorção e mineralização de poluentes. A microeletrónica e a optoelectrónica de película fina contam-se entre as principais forças tecnológicas que impulsionam a nossa economia, como evidenciado pelo crescimento fenomenal das comunicações, do processamento de dados, do armazenamento e das aplicações de visualização. As aplicações de películas finas estão a expandir-se numa série de indústrias, incluindo a biotecnologia, a produção de energia e diferentes tipos de revestimentos. Também estão envolvidas em questões de ciência e engenharia de materiais. As películas finas têm sido utilizadas desde as duas últimas décadas [72].

Capítulo 2

Materiais e métodos de caraterização

2.1 Experimental

O presente trabalho incide principalmente sobre os materiais primários utilizados para a síntese de ZnO com materiais de Terras Raras e descreve os modos de preparação adoptados. Além disso, explica em pormenor as técnicas experimentais de caraterização utilizadas para a análise dos compostos e materiais incorporados. Este capítulo descreve os vários métodos experimentais utilizados para a preparação, caraterização e síntese dos materiais.

2.2 Materiais

Tabela 2.21: Indexação dos reagentes utilizados para a formação dos nanofilmes juntamente com os respectivos materiais de Terras Raras dinamizados.

Nome dos produtos químicos utilizados	Fórmula química
Tetraisopropóxido de titânio	$Ti[OCH(CH)]_{324}$ (Merck)
Álcool etílico	C2H5OH (Merck)
Ácido acético glacial	CH3COOH (Merck)
Trietilamina	$C_6 HI_5 N$ (Merck)
2- Propanol	$C H_{38} O$ (Merck)
Acetato de zinco desidratado	$Zn(CH_3 COO)_2$ (Sigma Aldrich)
Hidróxido de sódio	NaOH (Sigma Aldrich)
Samário	$Sm O_{23}$ (Merck)
Térbio	$Tb O_{23}$ (Sigma Aldrich)
Dietanolamina	$C HnNO_{42}$
Nitrato de prata	$AgNO_3$ (Sigma Aldrich)

2.3 Método de síntese

2.3.1 Revestimento por imersão e revestimento por centrifugação:

O revestimento por rotação é utilizado para a criação de películas finas para cobrir uniformemente os materiais naturais em superfícies planas. O revestimento por imersão cobre a disposição do substrato imerso na solução para um desenvolvimento viável do material. Quando o material é armazenado, o substrato pode ser eliminado por dissipação, o que resulta numa espessura uniforme.

2.3.2 Preparação de películas de ZnOThin com terras raras (Sm)$^{3+}$

Uma sequência de filmes finos de ZnO estimulados por Sm^{3+} foi fabricada em substrato de vidro empregando classificação analítica com 99% de pureza de acetato de zinco di-hidratado (Zn(CH3COO)2.2H2O), NaOH, álcool etílico (C2H5OH), óxido de samário (Sm2O3) e água destilada através da técnica sol-gel. Nesta técnica, a quantidade estequiométrica de acetato de zinco di-hidratado e hidróxido de sódio é dissolvida na quantidade adequada de água destilada em copos distintos e bem agitada durante 5 minutos. As duas soluções preparadas são adicionadas a um copo separado. Posteriormente, o dopante e o etanol são adicionados gota a gota e, em seguida, a solução final é recolhida no substrato de vidro através da via de revestimento por imersão com uma velocidade de retirada de cerca de 20 mm/min. Finalmente, as películas finas preparadas são secas num forno a uma temperatura de 200^0 C durante 2 horas. Seguiu-se a calcinação a 500 °C durante 1 hora para erradicar as substâncias orgânicas nas películas acima referidas e o diagrama esquemático de preparação é apresentado na Fig.2.1.

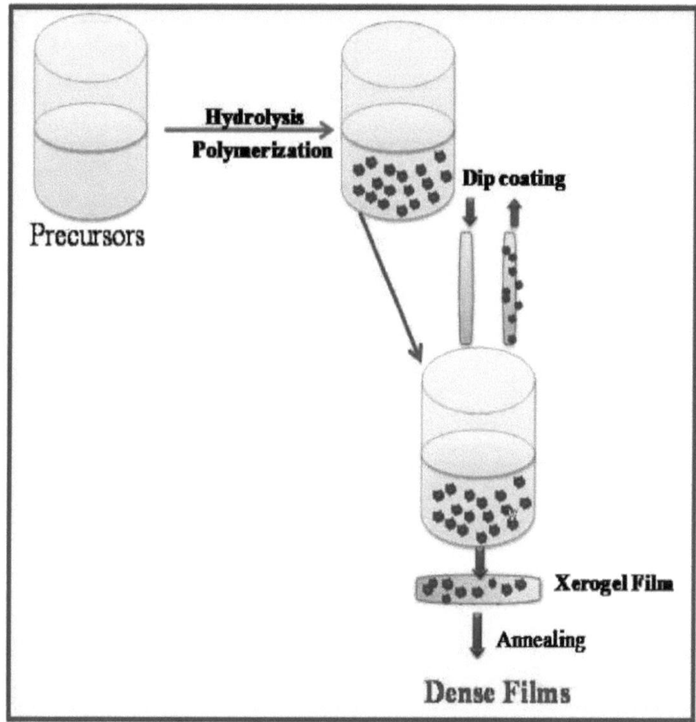

Fig.2.1. Apresentação da preparação de películas finas atordoadas

2.4 Técnicas de caraterização
2.4.1 Análise por XRD

Os raios X são radiações cúmplices com um comprimento de onda de cerca de um A° (10-10 m). Os raios X foram criados através do bombardeamento de um alvo metálico por um feixe de electrões libertados de um filamento de tungsténio. Num tubo de raios X cúmplice, a grande força eléctrica mantida à volta dos eléctrodos atrai os electrões na direção de um alvo metálico. Os raios X foram criados com o objetivo de produzir efeitos, e irradiar em todas as direcções, em tubos com alvos de cobre (Cu), que produzem a sua radiação caraterística mais forte (κ_1) a um comprimento de onda de 1,5 A^{o} . O eixo de raios X explorado numa rede, uma vez que por vezes ocorre dispersão, embora a dispersão interfira consigo mesma e seja eliminada, o que é uma interferência prejudicial, uma vez que a dispersão ao longo de uma determinada direção estava na secção com raios dispersos de planos atómicos totalmente diferentes para acontecerem difracções, atribuíveis à parte superior da condição, as reflexões coalescem para formar novas frentes de onda elevadas que se reforçam reciprocamente, o que é uma interferência construtiva.

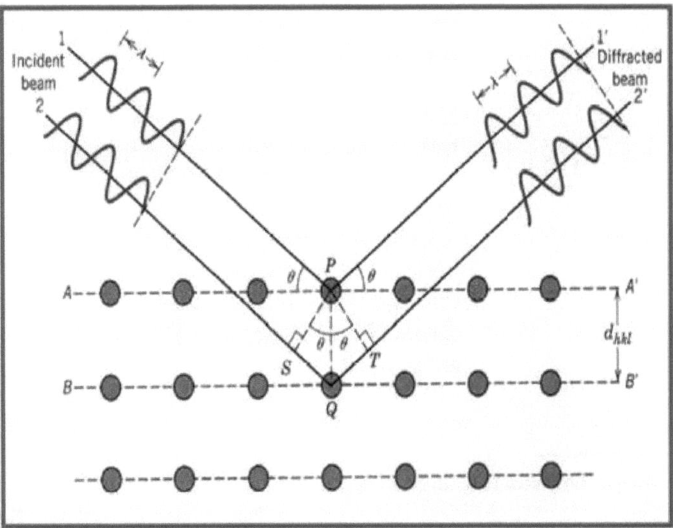

Fig.2.2. Relação do fenómeno ótico com a lei de Bragg

Esta relação de fenómeno ótico foi designada por lei de Bragg (**Fig.2.2**) e a equação mencionada abaixo.

$2dsin\theta = n\lambda$--------- (2.2)

Onde λ é o comprimento de onda dos raios X, d é o espaçamento interplanar, 0 é o ângulo de difração, n=1, 2, 3.Aqui o XRD foi compassado pelo aspeto ótico das películas finas processadas. Os protótipos de difração foram registados a partir de 20° a 70° com um difratómetro de raios X Shimadzu (**Fig.2.3**). Existem diferentes razões que afectam o alargamento dos picos do fenómeno ótico, nomeadamente (i) o tamanho do domínio cristalino, (ii) a distribuição do tamanho dos domínios, (iii) os aspectos cristalinos e a pequena deformação, etc. Utilizando a fórmula de Scherer, calcula-se o tamanho médio do cristal (D)[73].

$$D = \frac{K\lambda}{\beta cos\theta} - - - -(2.3)$$

Em que "K" é a constante, $"\lambda"$ é o comprimento de onda dos raios X e *"ft"* é a largura total a meio máximo.

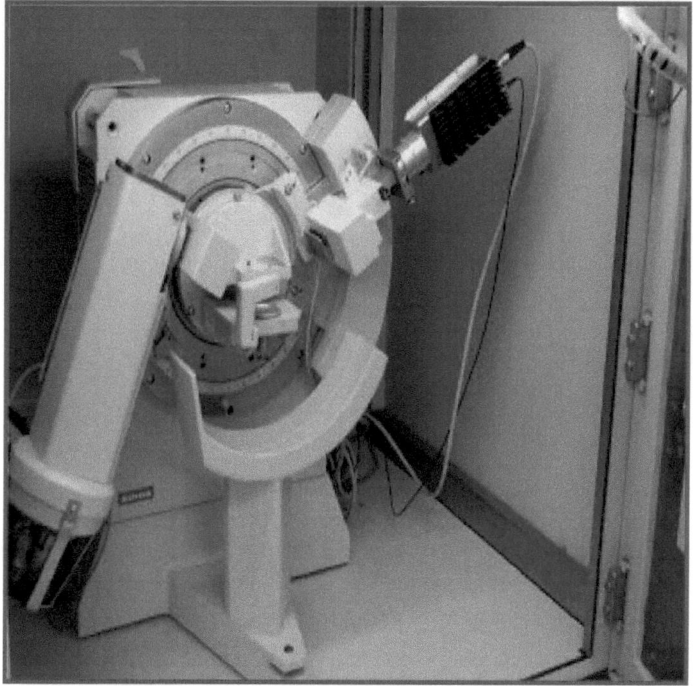

Fig.2.3. Difractómetro de raios X; Shimadzu

2.4.2 Análise SEM

Um SEM é um tipo de microscópio que burocratiza uma imagem de superfície através de varrimento com um eixo central de electrões. O MEV acomoda uma grande profundidade do objeto e utiliza um eixo focalizado de electrões de tensão excessiva. Estes electrões passam através de uma ferramenta de lentes electromagnéticas e aberturas para criar um fino eixo de electrões. Posteriormente, o veio de electrões emitido varre a superfície do espécime com a ajuda de bobinas de varrimento. Na expansão, as fotos produzidas a uma decisão excessiva do eixo de electrões são direcionadas para uma busca agradável, que é digitalizada sobre a superfície do substrato. Isto sugere que as alternativas poderosamente espaçadas podem ser inspeccionadas com uma ampliação excessiva. Ao aquecer um filamento aluminífero até à sua temperatura máxima, a lupa gera um veio de electrões.

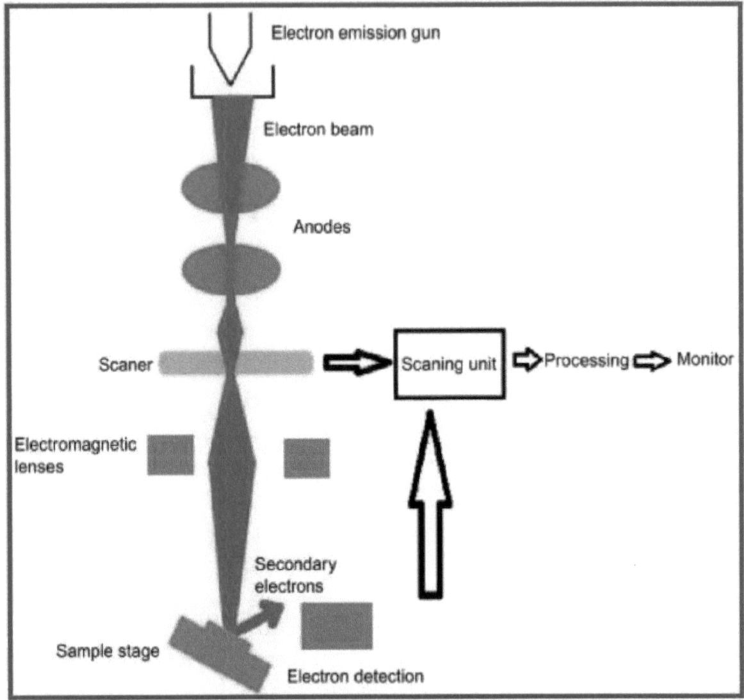

Fig.2.4. Diagrama esquemático do SEM

A radiação não particulada adere a uma trajetória vertical através da coluna da lupa. Essa lente de recurso magnético bem invertida. Um eixo de electrões concentra-se e dirige-se para mais perto do padrão e, assim que atinge o padrão, ejecta electrões alternativos da matriz. Os detectores adquirem os electrões retrodifundidos e transformam-nos numa prova que é apresentada num monitor. No âmbito do presente estudo, tendemos a utilizar o microscópio de varrimento Hitachi TM-3000 para a morfologia das amostras, e o diagrama esquemático das medições SEM é apresentado na **Fig.2.4.**

Os electrões transmitidos, os raios X caraterísticos, a luz da corrente da amostra, a luminescência catódica (CL), os electrões retrodispersos (BSE) e os electrões secundários (SE) são os diferentes sinais formados pela microscopia eletrónica de varrimento. Embora os sensores de electrões secundários estejam frequentemente acessíveis em todos os microscópios electrónicos de varrimento, é raro que uma única máquina tenha detectores para todos os sinais prováveis. É muito raro que os detectores de todos os sinais não possam ser observados numa única máquina. Na superfície da amostra ou na sua proximidade, as interações entre os átomos e o veio de electrões têm lugar e dão origem aos sinais. As imagens de alta resolução da superfície da amostra podem ser obtidas em todos os modos de deteção comuns que consistem em dados com menos de um nanómetro de tamanho. Uma vista 3-D do SEM ajuda a compreender a disposição da superfície, as caraterísticas e a morfologia da superfície com a ajuda da matriz de electrões. O instrumento utilizado para as medições SEM é apresentado na **Fig.2.5**.

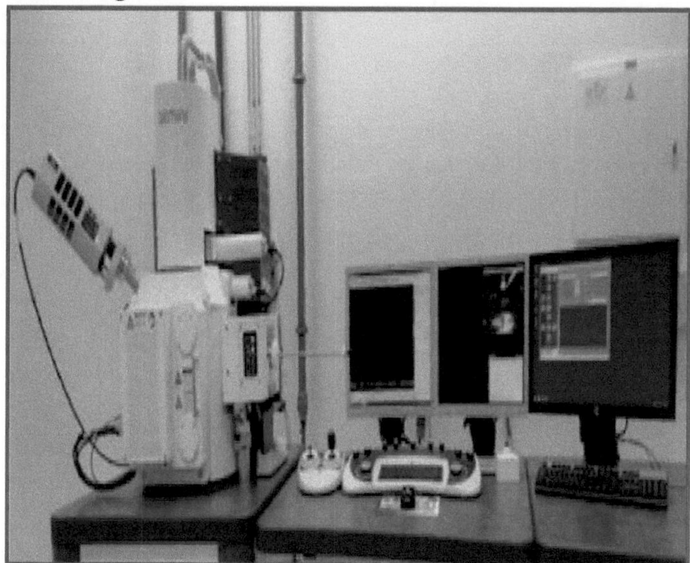

Fig.2.5. Arranjo experimental utilizado para as medições SEM

2.4.3 Espectroscopia de captação UV-Visível

Os espectrofotómetros UV-Vis disponíveis no mercado têm uma gama espetral de cerca de 190-900 nm. O limite da radiação de comprimento de onda mais curto para um interferómetro UV-Vis fácil era a captação de comprimentos de onda ultravioleta de 180 nm. A gama de comprimentos de onda estende-se até 175 nm com um espetroscópio de prisma. Para um fornecimento adequado de radiação actínica, deseja-se um espetroscópio de prisma de vácuo de 175 nm. Determinar o limite do comprimento de onda longo através da reverberação dos detectores no interior do espetroscópio de prisma. Os espectrofotómetros UV-Vis industriais de topo de gama aumentam a gama de comprimentos de onda que podem ser medidos na região do NIR até 3300 nm.

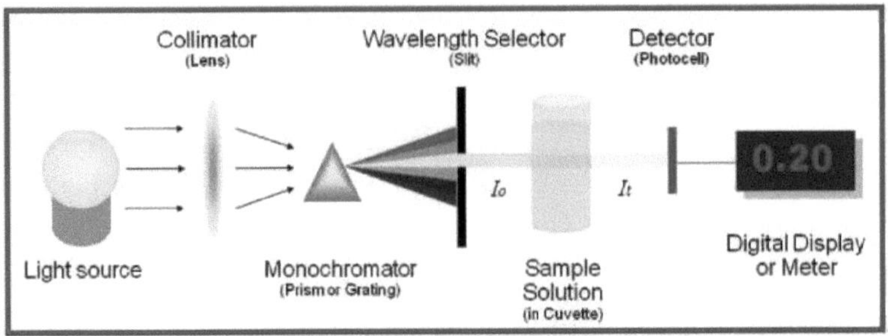

Fig. 2.6. Esquemas para medições UV-Vis

A largura da banda espetral pode ser determinada pela largura do elemento da matriz ou pela largura da fenda monocromática em interferómetros com detectores de matriz. Elementos de desvalorização na otimização das medições quantitativas de absorvância dos modelos de interferómetros e dos componentes ópticos para obliterar a luz difusa. Numa máquina de detetor único, o detetor transforma-se num tubo fotomultiplicador (PMT), fototubo ou fotodíodo. Uma mistura de um detetor PbS IR arrefecido por Peltier e um PMT foi utilizada em interferómetros UV-Vis-NIR. Ao fazer o teste entre as regiões NIR e visível, o eixo de luz fica roboticamente à frente do detetor direito. Antes de chegar à amostra móvel, o feixe de luz de uma lâmpada dispersa-se utilizando interferómetros de feixe duplo e de feixe simples. As caraterísticas comuns dos espectrofotómetros UV-Vis foram enumeradas na especificação da espetroscopia UV-Vis. Os espectrofotómetros de eixo único utilizam uma fonte de luz de comprimento de onda ou uma fonte contínua. Este aparelho simples utiliza uma fonte de luz de comprimento de onda único, um detetor de fotodíodos, como um LED, e um recipiente para amostras. Antes de a luz entrar na amostra, esta tem uma fenda ou abertura para selecionar um único comprimento de onda, elemento dispersante presente nos instrumentos com uma fonte constante, como se mostra no esquema. Para determinar o valor Po necessário para o cálculo dos dados de absorvância, o equipamento é calibrado em qualquer tipo de instrumento de eixo único com uma célula de referência constituída apenas por solvente. O esquema para as medições UV-Vis. é apresentado na **Fig.2.6.** O espetrofotómetro UV-VIS. 2600 Shimadzu foi utilizado. Shimadzu 2600 foi utilizado para recolher os dados da captação de UV-Vis das amostras no presente trabalho (**Fig. 2.7**).

Fig 2.7. Espectrofotómetro UV-Vis (2600 Shimadzu UV-VIS)

2.4.5 Estudos FT-IR

Um interferómetro de retrabalho de Fourier é um interferómetro de Michelson inserido numa reflexão variável. O espetro é codificado e executado para fornecer uma amostra de interferência, transferindo a réplica para uma largura, que finaliza na remodelação de Fourier. Para o sinal, o interferómetro tem uma vantagem multiplex mais do que as técnicas de deteção espetral que são dispersas mas têm uma desvantagem para o ruído.

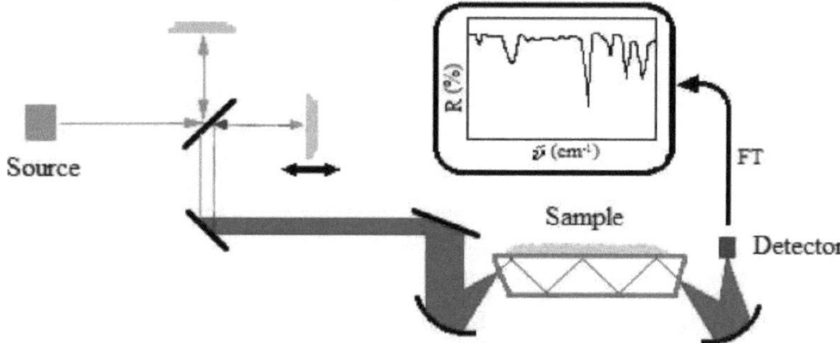

Fig.2.8. Representação esquemática do instrumento FTIR

O diagrama esquemático do instrumento FTIR é apresentado na **Fig.2.8**. Os estudos estruturais podem ser efectuados através da visualização da espetroscopia das excitações rotacionais e vibracionais acopladas. Trata-se, portanto, de um excelente instrumento analítico que permite estudar os movimentos atómicos internos das moléculas em fase gasosa, o que pode ser feito através da espetroscopia vibracional e é processado com o FTIR. O estudo

FTIR do composto incorporado foi efectuado com o interferómetro FTIR da Perkin Elmer (spectrum - 1000) (**Fig. 2.9**).

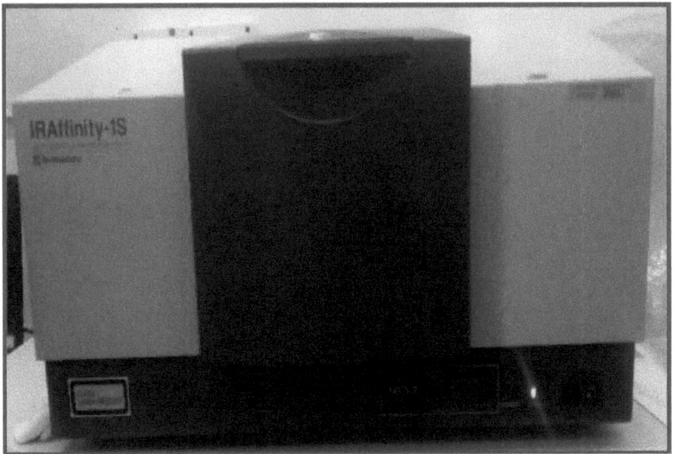

Fig.2.9. Vista fotográfica do instrumento FTIR

2.5 Estudos de aplicação
2.51   Atividade fotocatalítica por irradiação de luz UV

Para efetuar o estudo fotocatalítico à temperatura ambiente (RT), utilizou-se um recipiente de vidro de forma circular com uma superfície de 169,8 cm^2 e uma lâmpada de vapor de mercúrio como fonte de luz UV com 125 W de pressão média. Foi utilizado o método actinométrico de ferri oxalato para determinar o fluxo de fotões como 7,9 mW / cm^2 . O comprimento de onda de emissão situa-se na região de 350 - 400 nm e a emissão máxima é de 370 nm, a luz de diferentes comprimentos de onda não foi eliminada, pelo que a intensidade da luz não é reduzida. A uma distância de 23 cm, a luz é irradiada diretamente sobre a solução em atmosfera normal e os testes foram realizados com água desionizada [**Fig.2.10**]. Este ensaio consiste em 250 ml de uma mistura de corantes a 10 ppm, na qual foram inseridas películas finas de fotocatalisador.

Durante toda a experiência, a solução foi fortemente misturada por um agitador magnético e durante cerca de 15 minutos. A solução é agitada antes da irradiação para garantir a implementação do equilíbrio. A relação R = (C0 - C) V / W foi utilizada para determinar a extensão da adsorção, aqui 'R'; a percentagem de adsorção, c_0; a quantidade de cativação em t=0, C; a quantidade de cativação em t=x min., W; peso do fotocatalisador V; volume da solução. A unidade de R é ppm ml mg^{-1} . O fotocatalisador sob a forma de películas finas pode ser utilizado repetidamente para outros ensaios.

Fig. 2.10. Instalação experimental utilizada no reator fotocatalítico

2.52   Os estudos de fotoluminescência (PL)

A espetroscopia PL inclui o teste da radiação libertada por átomos ou moléculas quando os fotões são absorvidos por eles. Quatro parâmetros que caracterizam o comportamento de emissão de fotoluminescência do material são a intensidade, o comprimento de onda de emissão, a estabilidade de emissão e a largura de banda do pico de emissão. As propriedades de fotoluminescência de uma substância podem alterar-se em ambientes diferentes ou na existência de moléculas adicionais. Vários nanosensores são construídos para detetar variações semelhantes. O fotão emitido está relacionado com a diferença nas bandas de energia.

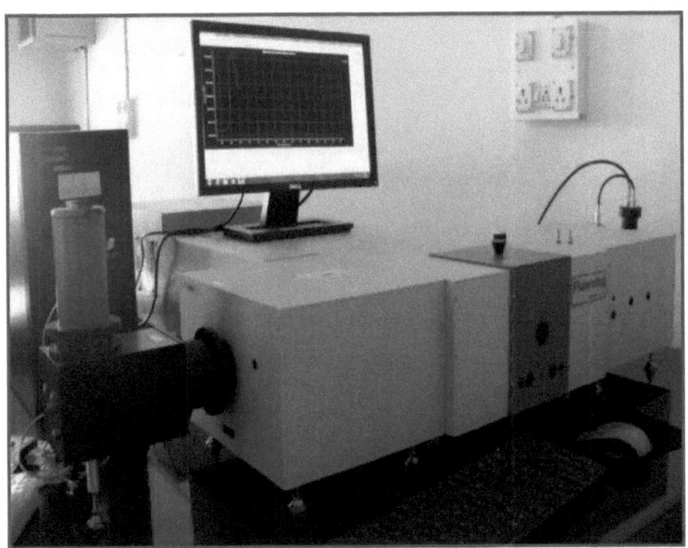

Fig. 2.11. Espectrofluorímetro utilizado para estudos de PL

O módulo apresentado na **Fig. 2.11** tem muitas caraterísticas interessantes que podem ser úteis num instrumento de investigação. Na espetroscopia clássica de PL para amostras de fluidos, uma solução que envolve a amostra é posicionada numa cuvete de quartzo com uma distância de percurso reconhecida. O raio primário entra num monocromador, depois entra no modelo e, em seguida, numa parte do detetor. Esta luz incidente resulta em PL que é libertado em todos os sentidos. O raio é avaliado com o segundo raio de referência depois de ser suprimido. Os materiais em fase sólida também podem ser determinados, com o raio incidente a incidir sobre o material. Normalmente, é detetado e armazenado um espetro de emissão. Neste caso, a amostra é bombardeada com um comprimento de onda individual e com um comprimento de onda de referência; a intensidade da emissão de fotoluminescência é registada. A fluorescência do material é observada em função do tempo, após excitação por uma faísca de radiação. Este método é conhecido como espetroscopia de fluorescência resolvida no tempo. O módulo ótico representado na Fig. 2.15 tem um percurso ótico suplementar na metade direita do suporte da amostra.

A lâmpada de arco de xénon é constituída por um espetro de emissão ininterrupto e constante com uma intensidade de cerca de 299-750 nm e uma irradiância adequada até 200 nm. Um monocromador emite luz de comprimentos de onda variáveis com uma tolerância que pode ser ajustada. Num monocromador colimado, é utilizada uma grelha de difração num veio de luz que irradia uma grelha e tem diversos ângulos com base no comprimento de onda. O monocromador pode então ser ajustado para escolher o comprimento de onda a transmitir. O tubo fotomultiplicador é o detetor mais utilizado (PMT). O monocromador de excitação é varrido depois de a transmissão do comprimento de onda passar pelo monocromador de emissão para medir os espectros de excitação. A captação está diretamente relacionada com a intensidade da emissão; por conseguinte, o valor do espetro de captação e do espetro de excitação são ambos iguais.

Capítulo 3

Síntese de películas finas de ZnO mobilizadas com Sm^{3+} a partir do método Sol-Gel e suas investigações fotocatalíticas

3.0 Introdução

Os materiais à escala nanométrica, com numerosos tipos, localizam muitos programas em diversos domínios, atribuíveis às suas novas áreas, como a capacidade de adaptação da superfície, a solubilidade progressiva e assim por diante. [74-79]. Nos últimos dois anos, os investigadores têm-se interessado por semicondutores baseados principalmente em óxidos metálicos de dimensão nanométrica, devido às suas propriedades apelativas e pacotes de funcionalidades. Entre os óxidos metálicos, o ZnO instalou um enorme tipo de pacotes na redução de CO_2, separação de água, células solares, sensores, fotocatálise, telecomunicações e assim por diante. A estabilidade da sua composição química, a sua menor toxicidade e o seu enorme intervalo de banda de 3,2 eV [80-84] são os factores que contribuem para isso. As películas finas de óxidos metálicos incorporados têm obtido grande interesse no sentido de diminuir a utilização de substâncias químicas e a eficácia em termos de custos para o ambiente. As películas finas de óxidos metálicos incorporados são de grande importância devido às suas propriedades naturais e físico-químicas extra do que a sua secção a granel.

De acordo com a literatura, as caraterísticas das películas de óxidos metálicos em termos de distribuição, a forma da superfície dos materiais com comprimentos de cristalitos inferiores a cem nm e as suas aplicações estão a suscitar um maior interesse na direção das substâncias semicondutoras há algumas décadas. Os investigadores estão atualmente interessados em utilizar métodos ambientalmente aceitáveis para sintetizar películas de TMOs devido às suas aplicações ambientais. Assim, as películas finas de ZnO são descritas como materiais semicondutores devido às suas extraordinárias capacidades, incluindo na área das estruturas biomédicas, ótica, recombinação de grandes espécies carregadas, estudos electrónicos, intervalo de banda de energia, funcionalidade de transporte suave de electrões no desempenho fotocatalítico, etc. Estas propriedades das películas finas são sem dificuldade alteradas através da alternância do seu tamanho e morfologia, sendo especialmente virtuosas para o potencial fotocatalítico e de oxidação fotográfica sobre as espécies químicas e biológicas. Atualmente, as películas finas de ZnO têm merecido uma maior atenção por parte de numerosas embalagens, em particular nas regiões de degradação de corantes.

Em particular, a elevada eficiência catalítica e o ZnO não tóxico são utilizados como foto-catalisador para a degradação fotocatalítica de contaminantes tóxicos. Grandes quantidades de poluição contendo corantes à base de plantas são descarregadas à medida que as indústrias de tintas, materiais, tintas e papel evoluem, constituindo uma ameaça para a vida selvagem. Assim, pode ser necessária uma direção apropriada e monetária para reduzir a gama de poluição antes de a libertar para a conservação da água. Foi decidido que muitos investigadores colocaram iões incomuns do solo na rede do hospedeiro para decorar as actividades foto-catalíticas. De entre os iões RE, o Sm^{3+} é utilizado como um ativador adequado que apresenta uma luminescência excessiva e um espetro UV devido a transições de orbitais f que já não estão em contacto com os orbitais do ligando [85,86]. Na observação predominante, organizámos filmes finos de ZnO mobilizados com Sm^{3+} (1-09 mol %) preparados pelo processo sol-gel.

3.1 Resultados e discussões 3.1.1 Análise por XRD

A Fig.3.1 mostra os resultados de XRD para filmes finos puros e dopados (Sm^{3+} : ZnO) sintetizados através da técnica sol-gel. Os picos de difração observados em (100), (002), (102), (101), (110), (103), (112), (201) e (200) foram corretamente listados com o [Cartão JCPDS No. 36- 1451] e verificam que a amostra organizada tem uma estrutura hexagonal wurtzite [87]. De forma correspondente, não foram encontrados picos de impurezas diferentes nas amostras de

Os estudos espectrais de XRD, que sugerem a pureza do padrão e os picos nítidos, verificam a cristalinidade da película. A medida do cristalito do material sintetizado foi calculada usando a técnica W-H e a equação de Debye-Scherrer (**Fig.3.2**) e a relação é mostrada como se segue [88].

$$d = \frac{K\lambda}{\beta cos\theta} - - - - - - (1)$$

$$\beta cos\theta = \frac{0.9\lambda}{D} + 4\varepsilon sin\theta - - - - - - (2)$$

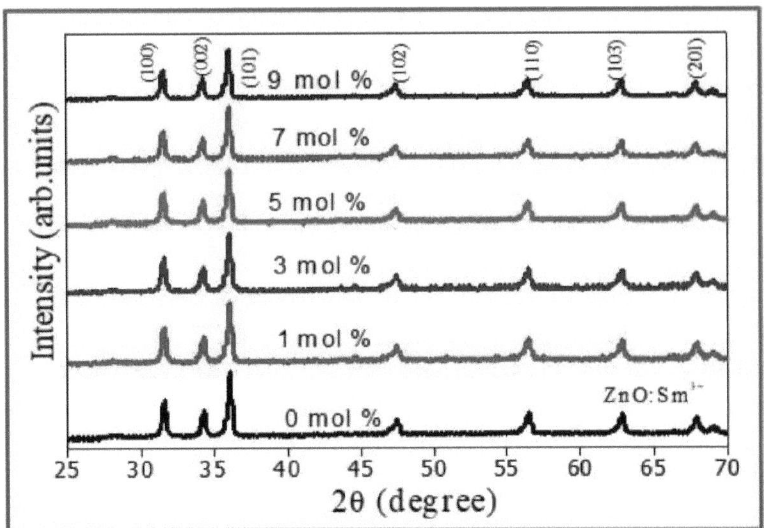

Fig.3.1. Análise XRD das películas finas sintetizadas de ZnO: Sm^{3+} (1-9 mol %)

Onde, K define a constante de velocidade, X- comprimento de onda do raio X, в - aproxima-se da metade da largura total do máximo, e e- deformação. De acordo com a Equação 2, o gráfico de '4sin0' vs. 'в cos0' será uma linha reta mostrada na Fig3.2. O gradiente da linha traçada representa a deformação e as dimensões do cristalito são indicadas pela interceção do eixo y. A densidade de deslocação (D) e a tensão (o) foram medidas através da utilização das fórmulas (3 e 4) e todas as consequências esperadas estão tabeladas na tabela 1. Durante o aumento da concentração de iões dopantes, não se verificaram alterações na natureza cristalina das películas preparadas, mas observou-se uma diminuição da intensidade das linhas de difração, o que se deve à quebra da simetria local [89].

$$\delta = \frac{1}{D^2} ------(3)$$

$$\sigma_{stress} = \varepsilon\, E ------(4)$$

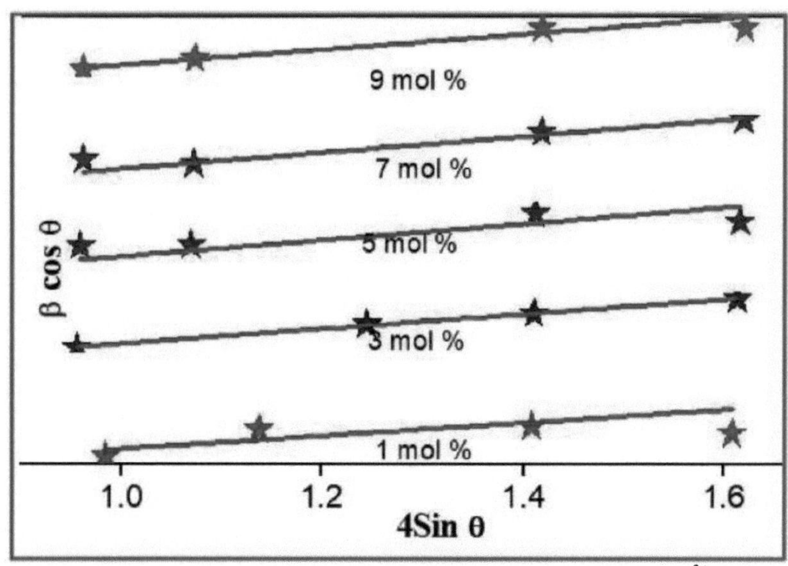

Fig.3.2. Padrões de Williamson-Hall das películas finas de ZnO: Sm^{3+} (1-09 mol %).

Tabela 3.1: Parâmetros de rede das amostras de ZnO com Sm^{3+} (1- 9 mol %)

ZnO:Sm^{3+} Mol%	Cristalite Tamanho de Scherrer	Deslocação densidadeLO$^-$$_3$	Micro estirpe	Cristalite Tamanho Gráfico W-H
0	26.0	1.470	1.12	23
1	30.0	1.11	1.1	25.0
3	32.0	0.97	1.08	26
5	33.0	0.910	1.09	29
7	34.0	0.86	1.020	30.0
9	36.0	0.770	1.00	**33**

3.1.2 Investigação morfológica

A morfologia da superfície (natureza da porosidade, formação de vazios, etc.) e a forma das substâncias preparadas foram examinadas através do método de Microscopia Eletrónica de Varrimento Eficaz de Campo (FESEM), ilustrado na **Fig.3.3**. O FESEM mostra a morfologia porosa e aglomerada, pequenos espaços vazios com uma estrutura de forma agrupada e uma morfologia de barreiras bem definidas. A morfologia da película pode também alternar devido às reacções temperadas que ocorrem durante a síntese. Existem muitos poros e vazios devido à descarga de uma grande variedade de gases através de reacções temperadas que ocorrem durante a síntese.

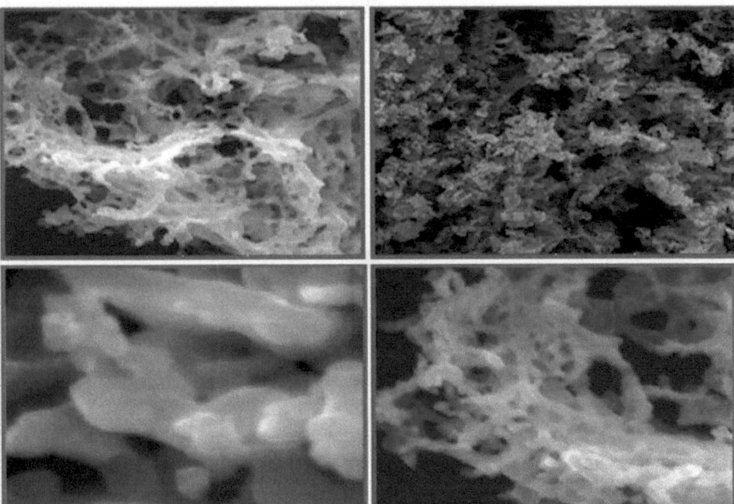

Fig.3.3. Imagens FESEM de películas finas de ZnO:Sm^{3+} .

3.13 Estudos de intervalo de energia

A força e as caraterísticas ópticas das películas finas de ZnO atordoadas preparadas foram analisadas com a ajuda de DRS na gama de 200 a 800 nm, como se mostra na **Fig.3.4.** O espetro DRS do material incorporado indica um comprimento de onda de cativação baixo a 374 nm, mostrando a qualidade ótica correta de materiais organizados que são o resultado de uma grande energia de ligação de excitões.

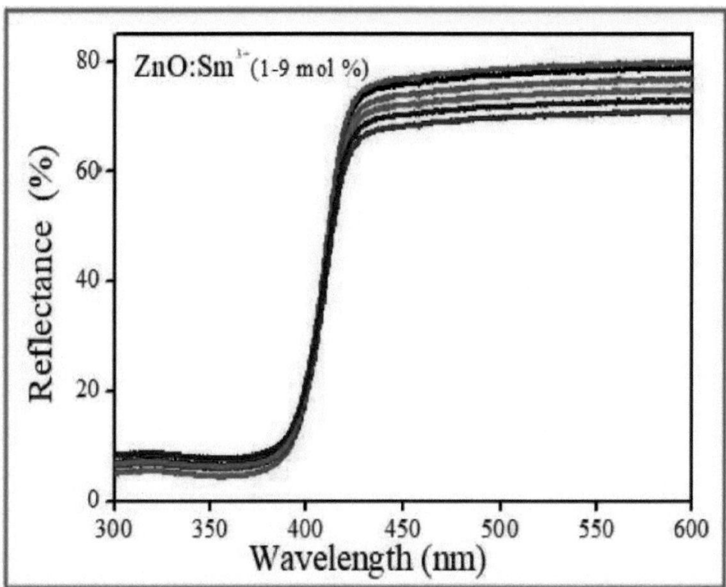

Fig.3.4. Escalas de espetroscopia de reflectância difusa de películas finas de ZnO: Sm^{3+} (1-9 mol %).

A função de Kubelka-Munk F(R) é utilizada para calcular o intervalo de banda visual de ZnO: Sm^{3+} e películas finas de ZnO e a equação é a seguinte [90].

$$F(R) = \frac{(1-R)^2}{2R} - - - - - (5)$$

Onde, R significa % de reflectância, por meio da interceção do eixo da potência extrapolando a secção linear da curva, o intervalo de banda de ZnO: Sm^{3+} e ZnO passou a ser previsto de modo a que a banda de cativação tenha migrado para frequências mais baixas, ou seja, a energia da banda muda de 3,2eV para 3,15eV com o crescimento da atenção do dopante devido à interação spin-troca. A curva tem componentes não lineares e instantâneas, o que pode ser uma caraterística das transições diretas permitidas mostradas na **Fig.3.5.**

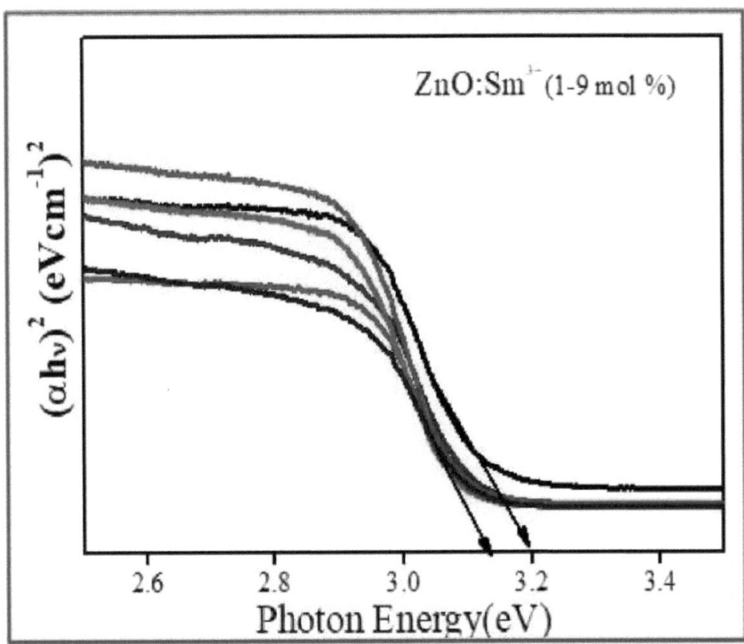

Fig.3.5. Espectros de intervalo de banda de Sm^{3+} : Filmes finos de ZnO (1-9 mol %)

3.2 Estudos de fotodegradação

Num reator de vidro, as experiências de degradação fotocatalítica de corantes foram realizadas utilizando uma lâmpada de mercúrio de 125W como fonte de luz UV à temperatura ambiente. O desempenho fotocatalítico global do padrão de filme preparado foi avaliado utilizando o Acid Red como corante de versão. O teste de fotodegradação foi realizado preparando um agregado homogéneo de solução de corante de 20 ppm com agitação constante por imersão de ZnO: Sm^{3+} . Além disso, a cada 15 minutos, uma pequena quantidade da solução de corante foi retirada e submetida a centrifugação. Por fim, mede-se a absorvância do corante AR no espetrofotómetro UV-Vis. A análise espetral UV-Vis das películas finas de ZnO mobilizadas com Sm^{3+} preparadas para a fotodegradação do corante AR sob irradiação de luz UV em diferentes intervalos de tempo é mostrada na **Fig.3.6**.

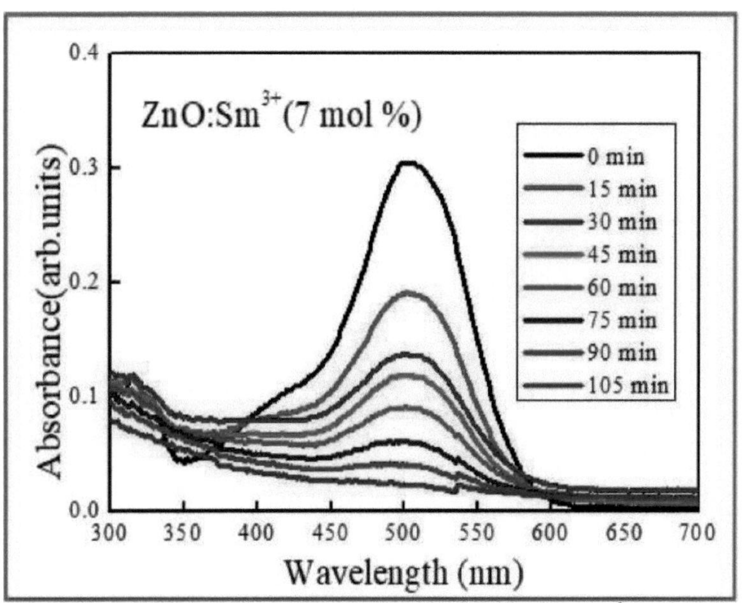

Fig.3.6. Espectros de absorvância do fotocatalisador ZnO: Sm^{3+} (1-9 mol %).

O pico de absorção do corante AR diminui, mostrando a degradação do átomo AR sob iluminação de luz ultravioleta. Foi observada uma degradação insignificante da cor do RA em condições de escuridão, o que confirma que a degradação do corante RA se deve à existência de amostras de ZnO activadas com Sm^{3+} fotoexcitadas. O padrão de degradação do AR com a existência de 1-9 mol % de filmes finos de ZnO activados com Sm^{3+} sob a iluminação de luz UV é apresentado na **Fig.3.7.** Cerca de 95% dos corantes AR foram degradados durante 105 minutos. A atividade fotocatalítica das amostras ZnO: Sm^{3+} é classificada na forma de 7 mol % ZnO:Sm^{3+} > 5 mol% ZnO:Sm^{3+} > 3 mol % ZnO:Sm^{3+} > 9 mol % ZnO:Sm^{3+} > 1 mol % ZnO:Sm^{3+} . O modelo de cinética de Langmuir-Hinshelwood foi utilizado para estudar a degradação do corante AR e a sua cinética é representada como ln (C/Co) = -k t, em que k é a constante de velocidade da reação aparente, t é o tempo de reação, C é a concentração inicial de AR e Co é a concentração do corante AR com t, os valores de cinética do material preparado são obtidos, apresentados na Tabela 2 [91-95].

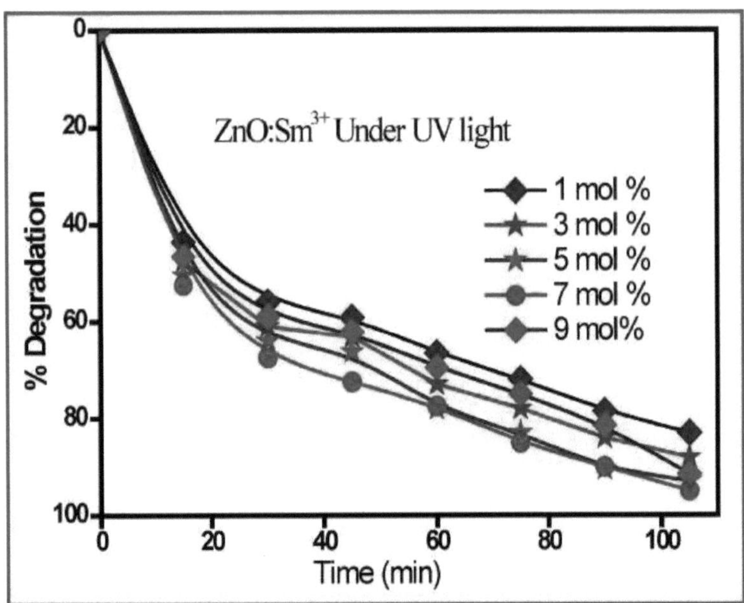

Fig. 3.7.O desenho da % de degradação do corante (AR) à luz UV

O movimento avançado do reagente tornou-se bem conhecido para o catalisador ZnO: Sm^{3+} com 7 mol% de atordoamento sob a luz UV, o que se deve à criação excessiva de deslocação da banda de captação e de radicais hidroxilo para frequências melhores. Muitos especialistas acreditam que o comprimento dos cristalitos, as morfologias, as texturas e o conhecimento dos dopantes são elementos importantes na função catalítica da película fina produzida. Entre eles, as morfologias do material e o conhecimento do ativador foram considerados propriedades cruciais nas actividades fotocatalíticas [96]. A quantidade particular adicional de catiões sm^{3+} resulta na criação de falhas que actuam como instalações de atração, resultando numa superfície de barreira aumentada e numa região mais estreita de carga de vizinhança, mas uma quantidade desordenada de sm^{3+} no catalisador também resulta na chegada de defeitos, os centros de recombinação reduzem a proficiência catalítica. No exame prevalecente, as películas finas de ZnO: Sm^{3+} apresentam um rácio mais elevado de superfície-volume, que termina com a degradação fotocatalítica de alta qualidade do AR sob luz UV.

Tabela 3.2: Estudos cinéticos em películas finas de ZnO com Sm^{3+} (1- 9 mol %) sob a iluminação de luz UV.

Fotocatalisadores	% D	K
Zno: Sm^{3+} (1mol% Concn)	83.00	$23x\ 10^{-3}\ min^{-1}$

Zno:Sm^{3+} (3 mol% Concn)	92.00	27x 10^{-3} min^{-1}
Zno:Sm^{3+} (5 mol% Concn)	93.00	28x 10^{-3} min^{-1}
Zno:Sm^{3+} (7 mol% Concn)	95.00	29x 10^{-3} min^{-1}
Zno:Sm^{3+} (9 mol% Concn)	91.5	26x 10^{-3} min^{-1}

Resposta fotocatalítica de nanofilmes de TiO2 dopados com Ag utilizando a técnica de solgel 4.0 Introdução

A atividade fotocatalítica de corantes naturais foi amplamente explorada nos últimos anos. Os materiais semicondutores têm sido amplamente utilizados no tratamento de águas sujas. Quase todos os materiais semicondutores se situam no intervalo de energia de 3,2 eV e absorvem a luz UV mais eficaz. Foi investigada uma grande quantidade de dispositivos semicondutores diferentes para utilizar uma grande variedade de espetro solar, mas já não se conseguiu, devido a uma grande perda de eficiência na transformação da luz solar habitual [97]. Consequentemente, pode haver um grande apelo para a montagem de materiais de captura de luz solar.

O TiO2 é um dos óxidos semicondutores mais investigados devido ao tamanho da partícula/grão, à cristalinidade e à localização da superfície, que são todos os efeitos da forma do cristal e da porosidade [98-100]. No entanto, o TiO2 nu indica atividade fotocatalítica na radiação UV, devido ao seu excessivo intervalo de banda de energia (3,2 eV) [101,102]. Raros estudos tentaram utilizar a alteração do solo para melhorar a captação moderada visível do TiO2 [103], melhorando a cristalinidade [104], a explosão do lado ativo [105-108], ajustando os defeitos do oxigénio [109], etc. Em particular, há uma mudança apreciada no TiO2, estas nanopartículas de óxido metálico aumentam a atividade fotocatalítica devido à redução do intervalo de banda de energia e ao elevado desempenho de captura de electrões [110,111]. A carga de recombinação do par eletrão-buraco é reduzida quando se adiciona um metal nobre ao TiO2 devido à ressonância plasmónica de superfície [112-115] e aumentada pela injeção de electrões em materiais semicondutores. A atividade fotocatalítica do TiO2 pode ser aproximada da vasta gama espetral [116,117].

O fabrico de heterojunções de TiO2 com metais e com efeito de estufa, energéticas à luz do dia, é de facto a tarefa mais difícil na indústria da fotocatálise [118,119]. Utilizámos a abordagem sol-gel para incluir nano películas finas de dióxido de titânio com prata. Para contrariar o uso da força solar do dióxido de titânio, utilizámos prata degradada. Para avaliar o desempenho geral fotocatalítico das amostras produzidas, a foto degradação RB é utilizada como um poluente orgânico modelo. Surpreendentemente, no ponto em que Ag foi empilhado em dióxido de titânio, o desempenho de captura expandiu-se decisivamente devido à luz solar e o desempenho total fotocatalítico aumentou muitas pregas como uma consequência final de suprimento. Também concluímos os testes de reciclabilidade para as amostras organizadas.

4.1 Resultados e discussões
4.1.1 Exame XRD

O esquema XRD das películas finas de TiO2 e TiO2 dopado com prata foi apresentado na **Fig.4.1.** O padrão XRD das películas finas acima referidas não apresenta quaisquer picos adicionais e as intensidades dos picos correspondentes correspondem bem ao padrão JCPDS XRD. Analiticamente, verifica-se que as duas películas preparadas apresentam a fase anatase, o que corresponde exatamente ao cartão JCPDS NO.89-4921, e um pequeno pico especifica que as nanopartículas de Ag existem na fase FCC (cartão JCPDS No. 00-004-0783). Isto prova a formação de TiO2 dopado com Ag. O tamanho típico dos cristais do TiO2 e da película fina de TiO2 dopada com prata foi de 26 e 20 nm separadamente. Além disso, o método W-H e a equação de Debye-Scherrer foram adoptados para determinar a dimensão média dos cristalitos da amostra e a relação é mencionada da seguinte forma

$$d = \frac{K\lambda}{\beta \cos\theta} \quad ------(1)$$

Onde K define a constante, λ dá um comprimento de onda de raios X e *ft* significa largura total.meio máximo.

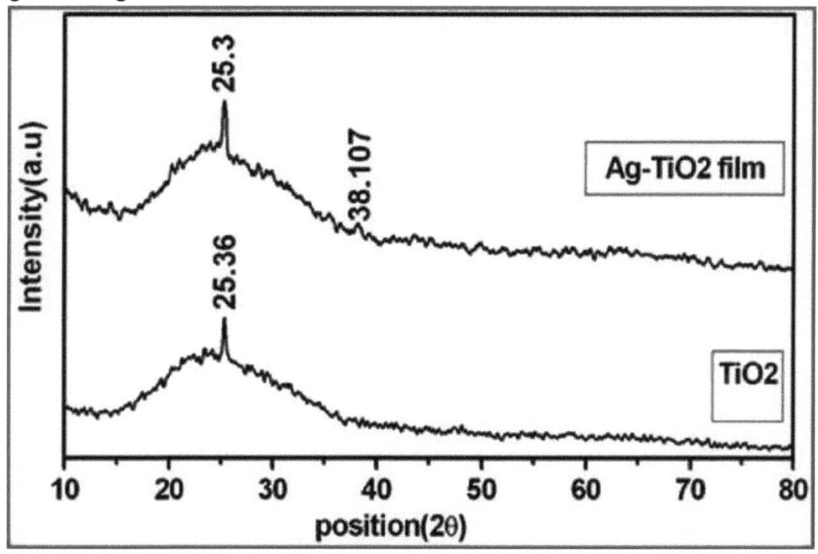

Fig.4.1. Dados XRD dos catalisadores de película fina de TiO2 simples e prata-TiO2

4.1.2 Técnica de microscopia eletrónica de varrimento (SEM)

A Fig.4.2 (a&b) mostra a morfologia da superfície, a porosidade e a forma das amostras organizadas de TiO2 simples e Ag-TiO2, respetivamente, utilizando micrografias SEM. A partir das micrografias SEM, tornou-se evidente que a película de TiO2 apresenta nanobastões com agregação de partículas, como se mostra na **Fig.4.2** (a), ao passo que a expansão das partículas de Ag provoca alterações na morfologia do material, com a associação homogénea de nanopartículas agregadas em determinadas fases da película, o que sugere a melhoria das actividades catalíticas da amostra Ag-TiO2 **Fig.4.2** (b).

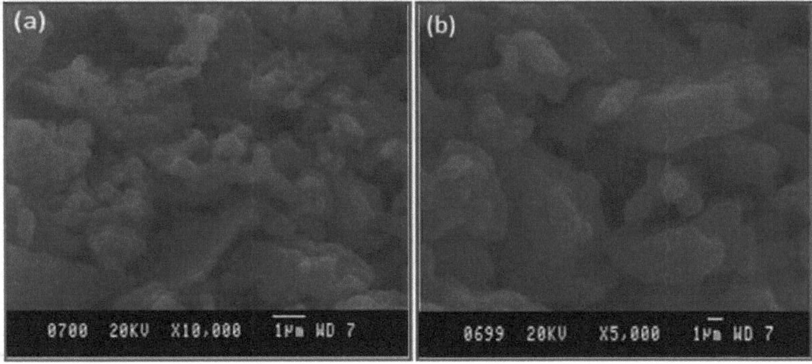

Fig.4.2. Micrografias SEM de (a) TiO2 nu e (b) amostras de TiO2 com Ag.

4.1.3 Estudos de cativação ótica

A **Fig.4.3** ilustra o espetro de luz UV do TiO2 sem revestimento e da película fina de TiO2 com Ag sedimentada num grânulo de vidro. O resultado implica que, nas gamas de comprimentos de onda da luz UV e da luz visível, uma amostra de TiO2 com Ag apresenta uma conduta de cativação suave e forte. Em ambas as amostras de película podem ser encontrados picos a 370 nm, que se correlacionam com a captação excitónica do dióxido de titânio. Juntamente com esta altura, a enorme banda de captação a 390 nm apresenta a ressonância plasmónica de superfície em cima de nanopartículas de prata identificadas em películas finas de TiO2 dopadas com prata. As películas finas de TiO2 dopadas com Ag apresentam um desvio para o vermelho na captação, em contraste com o TiO2 simples. A mudança para um comprimento de onda maior deve-se à distinção composicional e à estrutura segmentar das amostras de película fina.

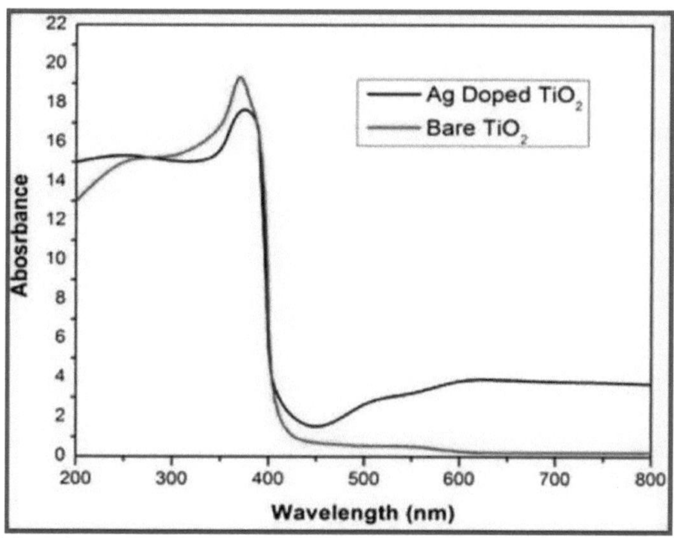

Fig.4.3. Esboço UV-visível do TiO2 com Ag e das películas finas de TiO2

A amostra de TiO2 com prata sugere um extenso ombro de captação dentro da gama de comprimentos de onda de 400 a 800 nm devido à ressonância plasmónica de superfície melhorada do metal nobre Ag. O desempenho de captura de luz do Ag-TiO2 é muito melhorado por ressonâncias plasmónicas localizadas [120,121].

4.1.3 Estudos de Espectroscopia de Reflectância Difusa (DRS)

A energia do intervalo de bandas das amostras de película fina de TiO2 simples e de TiO2 com prata foram obtidas pela equação;

$$(a\,hv) = A\,(hv - Eg)\,/^{12}$$

Calcularemos os valores do orifício da banda de resistência utilizando a relação acima mencionada, enquanto *o gráfico (a hv)^2 contra a potência do fotão hv) é induzido pelo fator a = 0. O* cálculo do intervalo de banda proibida de ambas as amostras de película fina é ilustrado na **Fig. 4.4**. O intervalo de banda proibida calculado experimentalmente para o TiO2 com prata e para o TiO2 simples é de 3,36 e 2,97 eV, respetivamente. Este intervalo de banda corresponde aos valores propostos na literatura [122]. O intervalo de banda do TiO2 diminui com o envolvimento da prata no TiO2, como se mostra na Fig. 4, o que leva à formação de defeitos electrónicos no Ag-TiO2. Isto pode capturar electrões adicionais do sol, tornando-os materiais suaves para reacções de redução e oxidação na superfície. Como resultado, tanto o Ag como o Ag-TiO2 podem atrair electrões, diminuindo a taxa de recombinação eletrão-buraco [123]. Como resultado, espera-se que a amostra de TiO2 com Ag tenha um maior interesse fotocatalítico.

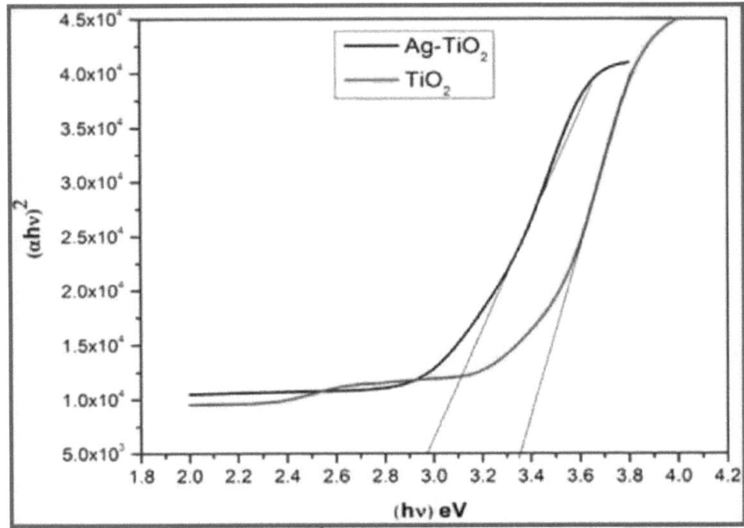

Fig.4.4 $(a\,hv)^2$ vs hv(energia do fotão).

4.2 Atividade fotocatalítica através da luz solar

A foto degradação RB da irradiação direta da luz solar foi utilizada para examinar a fotoactividade de ambas as películas finas preparadas, como ilustrado na **Fig.4.5**. Das 9h00 às 17h00, toda a experiência foi efectuada à luz natural, na ausência de catalisador. Os resultados mostram uma degradação negligenciável do corante RB. No entanto, na presença de películas finas de TiO2 nuas e de películas finas de TiO2 com Ag dazed, verificou-se uma quantidade considerável de degradação. As películas finas de Ag dazed TiO2 apresentaram uma degradação de 98% do corante RB em apenas 70 minutos quando expostas à luz solar. Isto deve-se ao facto de a presença de uma quantidade ideal de dopante Ag aumentar o número de estados intermédios. Como resultado, o desempenho fotocatalítico das películas finas melhora devido a uma diminuição do intervalo de banda para a captação de luz, quando comparado com a película fina de TiO2 nua.

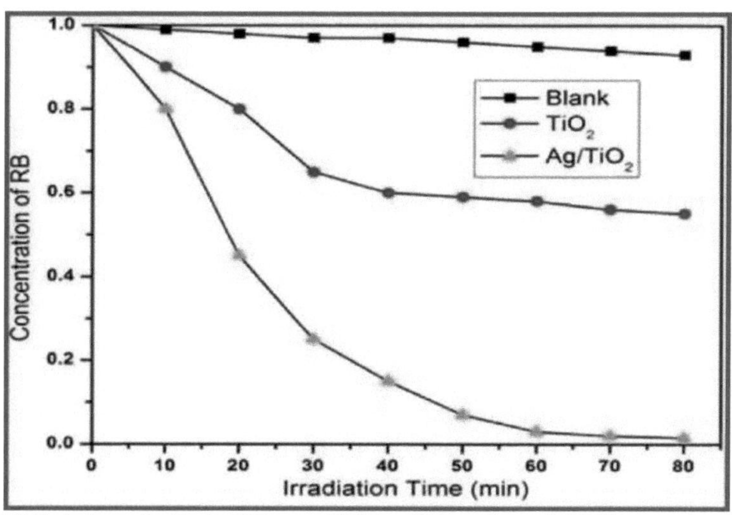

Fig.4.5. Fotodegradação de RB com TiO2 e filmes finos de TiO2 com Ag dazed através da luz solar.

De qualquer outra forma, a película fina de TiO2 com Ag tem um gap de energia diminuído em comparação com o TiO2 nu, a produção dos estados mais recentes perto da banda de condução é induzida peloião Ag sedante. As gamas de energia metaestáveis são formadas dentro do intervalo da banda de energia, pelo que a captação começou a deslocar-se na direção de uma área de comprimento de onda mais longo. Além disso, a quantidade generalizada de aumento da atividade fotocatalítica na película fina de TiO2 com Ag pode ser creditada ao maravilhoso adorno de prata no TiO2. As nanopartículas de prata atraem a luz do sol devido à ressonância plasmónica da superfície e, como reação, é produzida a heterojunção com o TiO2, permitindo a transmissão de electrões da Ag para o TiO2. As nanopartículas de prata absorvem a luz do sol devido à ressonância plasmónica; além disso, ao resolverem-se na superfície do TiO2, produzem uma junção que permite a transmissão de electrões da Ag para o TiO2 [124].

4.2.1 Atividade fotocatalítica sob diferentes luzes

Os testes foram realizados em Ag-TiO2 utilizando várias fontes de luz ao mesmo tempo (ultravioleta, visível e iluminação direta do dia). As várias situações foram totalmente idênticas às descritas anteriormente. Em contraste com as áreas ultravioleta e visível, **a Fig.4.6** revela que o Ag-TiO2 tem uma melhor eficácia na degradação do rosa bengala sob irradiação direta da luz solar. O Ag-TiO2 tem uma degradação de 98% do corante rosa de bengala na presença de luz solar, quando comparado com 78% na luz visível e 50% na radiação UV nos 70 minutos mais eficazes. Esta afirmação é razoável porque um fotão apenas em luz UV ou visível tem energia insuficiente para transferir electrões da banda de valência para a banda de condução num curto período de tempo sem recombinação de electrões e buracos. Pensa-se que os fotões provenientes de fontes solares dão força aos electrões na banda de valência, que são depois transferidos para a banda de condução do TiO2. Na ocorrência de um aglomerado de prata, formam-se electrões plasmónicos de superfície, aumentando a atividade fotocatalítica dos catalisadores sob a iluminação direta da luz solar [125].

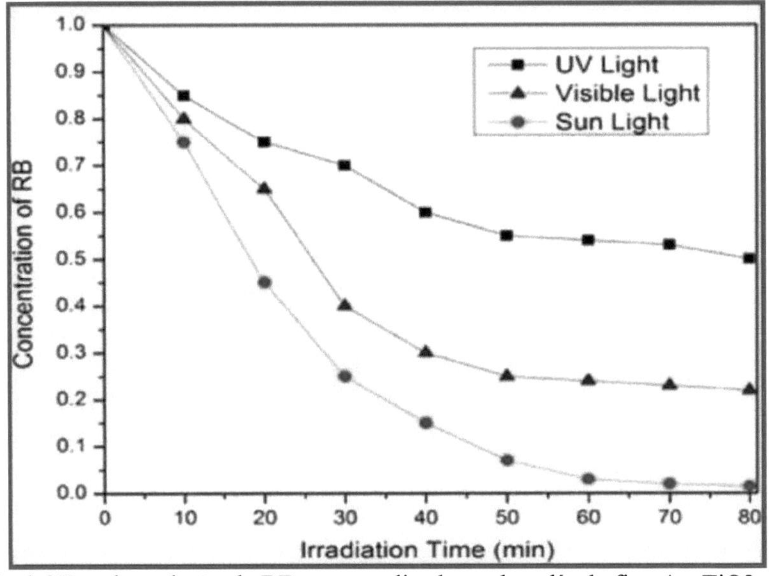

Fig.4.6. Fotodegradação de RB com catalisadores de película fina Ag-TiO2 sob diferentes fontes de luz

4.2.2 Ação fotocatalítica com diferentes contaminações orgânicas

Finalmente, utilizando o TiO2 degradado com Ag, foi possível ajustar a estrutura eletrónica do TiO2. Além disso, a sua rara fotoactividade estimulou-nos a aplicar estes exames a diferentes tipos de poluição natural quando expostos à luz solar direta. As actividades fotocatalíticas de diferentes corantes, tais como o vermelho de metilo (MR), o alaranjado de metilo (MO), a rodamina B (RhB) e o azul de metileno (MB), foram examinadas na mesma instalação que o RB e são apresentadas na **Fig.4.7.** O resultado ilustrou que o TiO2 com Ag é 98% eficaz na degradação de vários corantes em 70 minutos, com apenas uma pequena percentagem de variação. Este facto demonstra a eficiência da Ag nas películas finas de TiO2. Como resultado, as películas finas podem ser utilizadas para decompor o máximo de resíduos naturais encontrados em áreas poluídas.

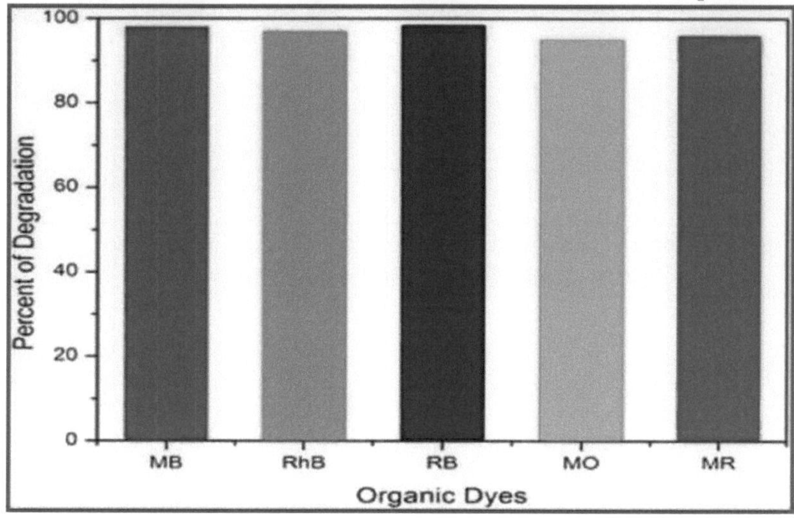

Fig . 4.7. Exame da fotoactividade de diferentes cores com a película fina.

4.2.3 Possibilidade de reciclagem

As tarefas mais difíceis na indústria da catálise são a reciclagem de catalisadores. Testámos a capacidade de reciclagem das amostras organizadas 4 vezes, utilizando películas finas de TiO2 com Ag. O fotocatalisador do padrão de água suja podia ser removido após cada ensaio e dessecado num forno de ar quente depois de ser cuidadosamente limpo com água bidestilada. Para o ensaio de verificação seguinte, foram utilizados os mesmos fotocatalisadores para a solução de rosa de bengala. **A Fig. 4.8** mostra a possibilidade de reutilização dos catalisadores. O teste catalítico prosseguiu durante, pelo menos, quatro ensaios, com a deterioração do bengala rosa a ocorrer virtualmente (98%) em cada pista. Mas o desempenho manteve-se em 96,5 por cento após o ciclo de 4th . Foi detectada uma ligeira queda no desempenho, que pode ser atribuída à pequena quantidade de contaminação encontrada em amostras repetidas ao longo do processo de recuperação. Descobrimos que a amostra de TiO2 com Ag tem um desempenho de degradação mais elevado e mais forte, bem como a capacidade de ser reciclada mais vezes sem degradação significativa. Como resultado, as amostras de TiO2 com prata podem ser utilizadas em projectos futuros, tais como abordagens contínuas e a longo prazo.

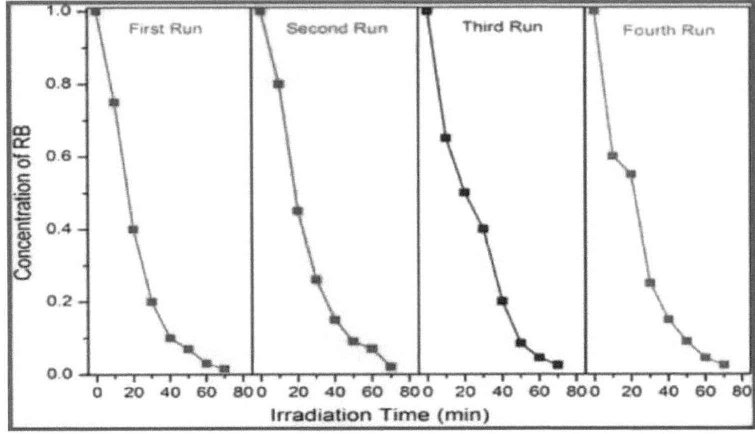

Fig.4.8. Fotoactividade do RB sobre a película de Ag-TiO2 sob iluminação diurna regular de testes repetidos.

Conclusão

Atualmente, estas películas finas encontram aplicações importantes porque são quimicamente, fisicamente, eletricamente, magneticamente, opticamente e mecanicamente distintas e também porque as suas propriedades podem ser controladas através da afinação da sua estrutura cristalina, composição e tamanho. Os materiais à escala nanométrica têm uma grande variedade de formas e tamanhos e são utilizados numa vasta gama de aplicações atribuíveis às suas novas residências, tais como a capacidade de adaptação da superfície, a solubilidade progressiva e assim por diante. Na década anterior, os académicos deram grande atenção aos semicondutores baseados em nano-óxidos metálicos de pequenas dimensões devido às suas potenciais aplicações físico-químicas múltiplas. Entre estes óxidos metálicos, as películas finas de ZnO são eficientes, quimicamente estáveis, pouco tóxicas e com um baixo intervalo de energia. Além disso, uma película fina de ZnO tem mais importância devido às suas excelentes aplicações, tais como a separação de água, a redução de CO2, os sensores, a fotocatálise, etc. O nosso trabalho de investigação visou catalisadores de ZnO devido à sua elevada eficiência catalítica e produtos finais não tóxicos para a descoloração fotocatalítica de poluentes naturais. Por conseguinte, pode ser necessária uma orientação específica e económica para reduzir a gama de poluição sem descarregar subprodutos tóxicos.

Verificou-se que vários estudiosos introduziram iões de terras raras (ER) na rede do material hospedeiro para decorar as reacções catalíticas. Entre os iões ER, o Sm3+ é utilizado como um ativador adequado que apresenta uma luminescência penetrante e as transições orbitais f. O presente estudo indicou o fabrico de películas finas de ZnO: Sm^{3+} (1-9 mol %) utilizando a via Sol-gel. O tamanho dos cristais e a formação de segmentos (forma hexagonal de Wurtzite) do fotocatalisador ZnO: Sm^{3+} foram demonstrados por avaliação XRD. A banda DRS entre 300-400 nm corresponde à transferência de taxa ligante para metálica (O^{2-} para Zn^{2+} ou O^{2-} para Sm^{3+}) e com o uso da equação de Kubelka-Munk, o intervalo de banda de energia foi localizado na variedade de 3,2 eV a 3,15 eV. Os catalisadores preparados de ZnO: Sm^{3+} (19 mol %) revelam uma atividade fotocatalítica de alta qualidade sob luz UV-Visível devido à forma e à maior concentração de oxigénio vago. Todos os resultados obtidos indicam que a película de ZnO mobilizada com Sm^{3+} é um fotocatalisador adequado e excecional para a degradação de poluentes corantes.

O fabrico de TiO2 com metais activos à luz solar é uma das maiores dificuldades da indústria. O presente trabalho de investigação indicou que foi desenvolvido um método económico, de captura da luz do dia e de fácil fabrico de películas finas de TiO2 com prata. Por fim, conseguimos modificar a estrutura eletrónica do TiO2 através da degradação da Ag, o que é ideal para a fotoactividade. A amostra de TiO2 com Ag demonstrou uma eficiência de degradação de 98% em apenas 70 minutos sob a irradiação da luz do dia e degradou a maioria dos resíduos orgânicos detectados na água poluída. Os catalisadores são sólidos, recicláveis e activos em diversas situações de iluminação. Os resultados revelaram que as películas finas de TiO2 com prata são constituintes viáveis para dispositivos electrónicos que captam a força do sol.

Referências

1. Reithmaier, J.; Petkov, P.; Kulisch, W. Popov, Nanostructured Materials for Advanced Technological Applications, (2009).

2. Bandyopadhyay, A. K. Nano Materials, New Age International (p) Limited, (2008).

3. Lhadi, M. Aplicações electrónicas, ópticas, magnéticas e biomédicas, (2009).

4. Yang, P.D. Chemistry of Nanostructured Materials, (2004).

5. Pradeep, T. Nano: The Essentials: Understanding Nanoscience and Nanotechnology, (2008).

6. R. Feynman, revista Engineering and Science, 23 de fevereiro (1960) 5.

7. E. Regis, Nano: The Emerging Science of Nanotechnology Remaking the World, Molecule by Molecule, Little Brown and Company, Boston, (1995).

8. J. Wang, C. Lin, C. Lai, J. Hsu, C. Ai, Solid State Electron. 54 (2010) 1493.

9. M. Engstrom, A. Klasson, H. Pedersen, C. Vahlberg, P. Kall, K. Uvdal, Mag Reson Mater Phys. 19 (2006) 180.

10. N. Taniguchi, On the Basic Concept of Nanotechnology, ICPE (1974) 18.

11. Y.K. Mishra, D. Kabiraj, I. Sulania, J.C. Pivin e D.K. Avasthi, J. Nanosci. Nanotec. 7 (2007) 1878

12. J.F. Sargent, Nanotechnology: A Policy Primer, Serviço de Investigação do Congresso, (2010) 8.

13. V. Viswanathan, T. Laha, K. Balani, A. Agarwal, S. Seal, "Challenges and advances in nanocomposite processing techniques", Mater. Sci. Eng. R. 54 (2006) 121-285.

14. J. Wang, C. Lin, C. Lai, J. Hsu, C. Ai, Solid State Electron. 54 (2010) 14931496.

15. M. Engstrom, A. Klasson, H. Pedersen, C. Vahlberg, P. Kall, K. Uvdal, Mag. Reson. Mater. Phys.19 (2006) 180-186.

16. R. Feynman, "There's plenty of room at the bottom", Science 254 (1991) 13001301.

17. Membros do Nano Care Consortium, publicado pelo Nano-Care Project Consortium, financiado pelo Ministério Federal Alemão da Educação e Investigação.

18. Meier, W. Current Opinion in Colloid & Interface Science, 4, (1999) 6-14.

19. J. Yacaman, L. Rendon, J. Arenas, M. C. S. Puche, Science, 273 (1996) 223-225.

20. Juan Wang, Yunhua Xu, MirabbosHojamberdiev, Jianhong Peng, Gangqiang Zhu, J. Non-crys Soli. 355 (2009) 903-907.

21. BM. Fernandez-Garcia, A. Martinez-Arias, J.C. Hanson, J.A. Rodriguez,

Che Rew. 104 (2004) 4063-4104.

22. J.H. Fendler, F.C. Meldrum, Adv Mater. 7 (1995) 607-632.

23. B.B. Lakshmi, C.J. Patrissi, C.R. Martin, Chem Mater. 9 (1997) 2544-2550.

24. S. Cho, R. Lee, H. Lee, J. Kim, C. Moon, S. Nam, J. Park, J. Sol-Gel Sci. Technol. 53 (2010) 171-175.

25. Juan Wang, Yunhua Xu, MirrabosHojamberdiev, Jianhong Peng, Gangqiang Zhu, J. Non-Cryst. Solid. 355 (2009) 903-907.

26. S.C. Prashantha, B.N. Lakshminarasappa, B.M. Nagabhushana, J. Alloy. compd. 509 (2011) 10185-10189.

27. G.G. Li, D.L. Geng, M.M. Shang, Y. Zhang, C. Peng, Z.Y. Cheng, J. Lin, J. Phys. Chem C. 115 (2011) 21882-21892.

28. H.A. HoppeAngew, Chem. Int. Ed. 48 (2009) 3572-3582.

29. Y. Karabulut, A. Canimoglu, Z. Kotan, O. Akyuzd, E. Ekdal, J. Alloys. compd. 583 (2014)91-95.

30. A.I. Ekimov, A.A. Onushchenko, Fizika I TekhnikaPoluprovodnikov: Soviet Phy. Semi.16 (1982) 775

31. U. Banin, Y.W. Cao, D. Katz, O. Millo, Nature. 400 (1999) 542.

32. C. N. R. Rao, G. U. Kulkarni, P. J. Thomas, Springer Berlin Heidelberg, (2007), Nova Iorque.

33. Hou, Y. Kondoh, H. Kogure, T. Ohta, T, Chem. Mater., 16, (2004) 5149-5152.

34. Oha, S. Choi, C. Kwon, S. Jin, S. Kim, B. Park, J. Magn. Magn.Mater., 280, (2004) 147-157.

35. L.Y. Yang, G.P. Feng, T.X. Wang, Mate. Lett, 64 (2010) 1647-1649.

36. B.L.Cushing,V.L. Kolesnichenko, C. J. O'Connor, Chem. Rev., 104 (2004) 3893-3946.

37. M. Hudlikar, S. Joglekar, M. Dhaygude, K. Kodam, J. Nano. Reser. 4 (2012) 865-871.

38. A.K. Mittal, Y. Chisti, U.C. Banerjee, Advan. Biote. 31 (2013) 346-356.

39. M. Chandrasekhar, H. Nagabhushana, S.C. Sharma, K.H. Sudheerkumar, N. Dhananjaya, D. V. Sunitha, C. Shivakumara, B.M. Nagabhushana, J. Alloys. Compd. 584 (2014) 417-424.

40. H.S. Kibomboa, A. S. Weberb, C.M. Wua, K.R. Raghupathi, R.T. Koodalia, J. Photochem. Photobio. A: Chem. 269 (2013) 49- 58.

41. P. Zhang, W. G. Liu, ZnO.,Biomater. 31 (2010) 3087-3094.

42. Y. Liu, Z. H. Kang, Z. H. Chen, I. Shafiq, J. A. Zapien, I. Bello, W. J. Zhang e S. T. Lee, Cryst. Growt. Des.9 (2009) 3222-3227.

43. Ramachandra Naik, S.C. Prashantha, H. Nagabhushana, S.C. Sharma, B.M. Nagabhushana, H.P. Nagaswarupa. H.B. Premakumar, Sens Actu B: Chem. 195

(2014) 140-149.

44. D. S. Bohle e C. J. Spina, J. Am. Chem. Soc.129 (2007) 12380-12381

45. Hou, Y., Kondoh, H.; Kogure, T.; Ohta.T, Chem. Mater. 16 (2004)5149-5152. 162

46. Suh, W. H.; Suslick, K. S, J. Am. Chem. Soc. 127 (2005) 12007-12010.

47. G. H. Dieke, H. M. Cross white, Appl. Opt., 2 (1963) 675-686.

48. J. McKittrick, L. E. Shea, C. F. Bacalski, E. J. Bosze, Displays, 19 (1999) 169

172.

49. Fu Yang, Zhiping Yang, Quanmao Yu, Yufeng Liu, Xu Li, Fachun Lu, Spectr. Ata Parte A: Molec. Biom. Spectr. 105 (2013) 626-631.

50. Huaiyong Li , Hyun Kyoung Yang , Jung Hyun Jeong , Kiwan Jang , Ho Sueb

Lee, Soung Soo Yi, Matr. Res. Bull. 46 (2011) 1352-1358

51. W. Stambouli, H. Elhouichet, B. Gelloz, M. Fe'rid, J. Lumin. 138 (2013) 201208.

52. F. Xiao, Y.N. Xue, Q.Y. Zhang, Phys. B. 405 (2010) 4445-4449.

53. Y. Fu, C.Lina, C.Hsu, J. Alloys Compd,391 (2005) 110-114.

54. T. Mahata, G. Das, R. K. Mishra, B. P. Sharma, J. Alloys Compd,.391 (2005) 129-135.

55. W. Raza, D. Bahnemann, M. Muneer, Cataly Today, 300 (2018) 89-98.

56. P.B. Devaraja, D.N. Avadhani, S.C. Prashantha, H. Nagabhushana, S.C. Sharma, B.M. Nagabhushana, H.P. Nagaswarupa, Spectr. Ata Parte A: Molec. Biom. Spectr. 118 (2014) 847-851.

57. M. Shivram, S.C. Prashantha, H. Nagabhushana, S.C. Sharma, K. Thyagarajan, R. Harikrishna, B.M. Nagabhushana, Spectr. Ata Parte A: Molec. Biom. Spectr. 120 (2014) 395-400.

58. Y.D. Zhong, X.B. Zhao, G.S. Cao, J.P. Tu, T.J. Zhu, J. Alloys Compd. 420 (2006) 298-305.

59. Lou Xiao-bo, Shen Hong-lie, Zhang Hui, LI Bin-bin, Nanjing, China, 2007; 26:

10:8-11.

60. Hye-Jeong Park, Kang-HyuckLeel, Brijesh Kumar, KyungSikShinl, Soon WookJeongeSang-WooKim   , Journal of Nanoelectronics and Optoelectrónica, 2010:5: 1-4.

61. Preeti Chaudhary e Vipin Kumar*. Preparação de película fina de ZnO utilizando sol-gel

técnica de revestimento por imersão e sua caraterização para aplicações optoeletrônicas. WSN 121 (2019) 64-71.

62. G.Naga Venkatesh, K.Karthick, Y.B.R.D. Rajesh, R. S. Dubey (2013); Caracterização de filmes finos de ZnO preparados pelo método Spin Coating Sol-gel para células solares *Int. J. of Adv. Res.* (Nov). 0] (ISSN 2320-5407).

63. Haya, S., Halimi, O., Sebais, M., Boudine, B. e BRAHMIA, O., 2016. Fabrico e caraterização de filmes finos de ZnO puro depositados pelo método Sol-gel. In *7th African Conference on Non Destructive Testing ACNDT 2016 & the 5 th International Conference on NDT and Materials Industry and Alloys (IC- WNDT-MI.*

64. Bessekhouad, Y., Robert, D., Weber, J. V., & Chaoui, N. (2004). Effect of alkaline-doped TiO2 on photocatalytic efficiency. *Journal of Photochemistry and Photobiology A: Chemistry, 167*(1), 49-57.

65. Chen, L. C., Huang, C. M., & Tsai, F. R. (2007). Caracterização e atividade fotocatalítica de fotocatalisadores de TiO2 dopados com K+. *Journal of molecular catalysis A: Chemical, 265*(1-2), 133-140.

66. Ghasemi, S., Rahimnejad, S., Setayesh, S. R., Rohani, S., & Gholami, M. R. (2009). Efeito dos iões de metais de transição nas propriedades e na atividade fotocatalítica do TiO2 nanocristalino preparado num líquido iónico. *Journal of hazardous materials, 172*(2-3), 1573-1578.

67. Rauf, M. A., Meetani, M. A., & Hisaindee, S. (2011). Uma visão geral sobre a degradação fotocatalítica de corantes azo na presença de TiO2 dopado com metais de transição selectivos. Desalination, 276(1-3), 13-27.

68. Sokmen, M., Allen, D. W., Akka§, F., Kartal, N. & Acar, F. Fotodegradação de alguns corantes utilizando dióxido de titânio carregado com Ag. Água. Air. Soil Pollut.132, 153-163 (2001).

69. Marami, M. B., Farahmandjou, M., & Khoshnevisan, B. (2018). Síntese sol-gel de   nanocristais de TiO2 dopados com Fe . *Jornal de eletrónica Materials, 47*(7), 3741-3748.

70. Zhu, J., Chen, F., Zhang, J., Chen, H., & Anpo, M. (2006). Fotocatalisadores Fe3+-TiO2 preparados pela combinação do método sol-gel com tratamento hidrotérmico e sua caraterização. *Journal of Photochemistry and Photobiology A: Chemistry, 180*(1-2), 196-204.

71. Devi, L. G., & Kavitha, R. (2016). Uma revisão sobre metal plasmônico, composto de TiO2

para a geração, captura, armazenamento e transferência vetorial dinâmica de electrões fotogerados através da junção Schottky num sistema fotocatalítico. *Applied Surface Science, 360*, 601-622.

72. R.A. Young, The Rietveld Method, Oxford University Press, (1995).

73. D.M. Poojary, A. Clearfield, Application of X-ray Powder Diffraction Techniques to the Solution of Unknown Crystal Structures, Acc. Chem. Res. 30

(1997) 414-422.

74. Kang BS, Ren F, Heo YW, Tien LC, Norton DP, Pearton SJ. Appl Phys Letts, 86 (2005) 112105.

75. Batista PD, Mulato M. Appl Phys Letts., 87 (2005) 143508.

76. Soomro MY, Hussain I, Bano N, Hussain S, Nur O, Willander M. Appl Phys., 106(1) (2012) 151-6.

77. Wei A, Sun XW, Wang JX, Lei Y, Cai XP, Li CM, Dong ZL, Huang W. Appl Phys Letts;89 (2006) 123902.

78. Kim Jin Suk, Park Won Il, Lee Chul-Ho, Yi Gyu-Chul. J Korean Phys Soc., 49 (2006) 1635.

79. Kumar Nitin, Dorfman Adam, Hahm Jong-in. Nanotecnologia;17 (2006) 2875

80. T. Iqbal, M.A. Khan, H. Mahmood, Mater. Lett.,224 (2018) 59-63.

81. M. Gao, J. Yang, T. Sun, Z. Zhang, D. Zhang, H. Huang, H. Lin, Y. Fang, X. Wang, Appl. Catal. B: Environ. 243 (2009) 734-740.

82. Z. Shao, T. Zeng, Y. He, D. Zhang, X. Pu, Chem. Eng. J. 359 (2019)485-495.

83. Y. Tang, X. Li, D. Zhang, X. Pu, B. Ge, Y. Huang, Mater. Res. Bull. 110 (2019)
214-222.

84. Z. Shao, Y. He, T. Zeng, Y. Yang, X. Pu, B. Ge, J. Dou, J. Alloys Compd.,769(2018) 889-897.

85. Y. S. Vidya, K. S. Anantharaju, H. Nagabhushana, S. C. Sharma, H. P. Nagaswarupa, S. C. Prashantha, C. Shivakumara, Danithkumar, Spectrochimica Ata A, 135 (2015) 241-251.

86. M R Anilkumar, H P Nagaswarupa , K S Anantharaju K, Gurushantha C Pratap kumar, S C Prashantha, Spectrochemica.Ata A , 135(2015) 241-251

87. M. Sangeetaa, K.V. Karthik, R. Ravishankar, K.S. Anantharajub ,H. Nagabhushanad, K. Jeetendra, Y.S.Vidya , L.Renuka. Mat. Today: Pro.4 (2017)11791-11798.

88. K.M. Girish, R. Naik, S.C. Prashantha, H. Nagabhushana, H.P. Nagaswarupa, K.S. Anantha Raju, H.B. Premkumar, S.C. Sharma, B.M. Nagabhushana, Spectr Ata. A. Mol. Biom. Spectr, 138(2015)857-65

89. K. Williamson, W.H. Hall, Ata. Metal.; 1 (1953)22-31.

90. P. Kubelka, F. Munk, Z. Tech Physik, 1931;12(1931)593-601.

91. Usui. H. J. Colloid Interface Sci., 336(2009)667-74.

92. Yu. J, Yu. X. Environ. Sci. Technol., 42 (2008)4902-4907.

93. Xie J, Li Y, Zhao W, BianL, Wei Y. J. Colloid Interface Sci.:326(2008)433-438.

94. P. Dong, B. Yang, C. Liu, F. Xu, X. Xi, G. Hou, R. Shao, RSC Adv., 7(2017)947.

95. R.M. Alberici, W.F. Jardim, Appl. Catal. B.,(1997) 14:55.

96. Li D, Hameda H, Kawano.K, Saito. N. J. Japan. Soc. Pow. Met.:48(2001) 104450.

97. W. Choi, A. Termin, R. Michael, R. Hoffmann, J. Phys. Chem. 98 (51) (1994) 13669- 13679.

98. C.H. Lu, W.H. Wu, R.B. Kale, J. Hazard. Mat. 147 (2007) 213-218.

99. B. Zhou, X. Zhao, H.J. Liu, J.H. Qu, C.P. Huang, Appl. Cataly. B 99 (2010) 214-221.

100. F. Han, V.S.R. Kambala, M. Srinivasan, D. Rajarathnam, R. Naidu, Appl. Cata. A: Gen. 359 (1-2) (2010) 25-40.

101. U.I. Gaya, A.H. Abdullah, J. Photo. Photobiol. C: Photochem. Rev., 9, (2008) 1- 12.

102. Z. Xionga, H. Wanga, N. Xua, H. Lib, B. Fangc, Y. Zhaoa, J. Zhanga, C. Zheng, Int. J. Hydrol. Energy 40 (32) (2015) 10049-10062.

103. Adriane V.Rosario Ernesto, C.Pereira, (144), 2014, pp. 840-845. [8] J. Low, B. Cheng, J. Yu, 392 (2017) 658-686.

104. W. Zhou, F. Sun, K. Pan, G. Tian, B. Jiang, Z. Ren, C. Tian, H. Fu, Adv. Funct. Mater. 21,(10), (2011) 1922 - 1930.

105. Yu. Jiaguo, Jingiang Low, Wei Xiao, Peng Zhou, MietekJaroniec, J. Am. Chem. Soc.136 (25) (2014) 8839-8842.

106. W. Jun Ong, L. Tan, S. Chai, S. Yong, A. Mohamed, Nanoscale 6 (2014) 19462008.

107. Xun-Liang Cheng, Hu. Ming, Rong Huang, Ji-Sen Jiang, ACS Appl. Mater. Interfaces 6 (21) (2014) 19176-19183.
A. Busiakiewicz, A. Kisielewska, I. Piwon' ski, D. Batory, Appl. Sur. Sci. 401 (15) (2017) 378-384.

108. E. Lira, S. Wendt, P. Huo, Hansen Jonas, R. Streber, S. Porsgaard, Y. Wei, R. Bechstein, E. Legsgaard, F. Besenbacher, J. Am. Chem. Soc. 133 (17) (2011) 6529-6532.

109. F. Han, V. Kambala, M. Srinivasan, D. Rajarathnam, R. Naidu, Appl. Cata. A: Gen. 359 (1-2), (2009) 25-40.

110. U.I. Gaya, A.H. Abdullah, J. Photochem. Photobiol. C Photochem. Rev., 9, (2008) 1-12.

111. S. Yurdakal, B. Sina Tek, Q. Deg" irmenci, G. Palmisano, Cata. Today, 281(1), (2017) 53-59.

112. Z. Jiang, J. Zhu, D. Liu, W. Wei, J. Xie, M. Chen, Cryst. Eng. Comm 16 (2014) 2384- 2394.

113. J. Romao, G. Mul, ACS Catal. 6 (2) (2016) 1254-1262.

114. H. Yu, W. Chen, X. Wang, Y. Xu, J. Yu, Appl. Catal. B: Environ. 187 (2016) 163- 170.

115. Liu, N. Destouches, G. Vitrant, Y. Lefkir, T. Epicier, F. Vocanson, S. Bakhti, Y. Fang, B. Bandyopadhyay, M. Ahmed, J. Phys. Chem. C 119 (17) (2015) 94969505.

116. F. Wanga, K. Cao, Y. Wu, K. Hao, Z. Ying Zhou, Appl. Surf. Sci., 360, (2016) 1075- 1079.

117. B. Huanga, LiliXiaoc, H. Donge X. Zhange, Wei Ganf Shahid Mahboobg Khalid Abdullah, Al-GhanimgQunhuiYuandYingchun Li, Talanta, 164(1), (2017) 601-607.

118. HuijunLiangabZhichaoJiaa Hucheng ZhangaXiaobing Wanga Jianji Wang, Appl. Surf. Sci.,422 (15), (2017) 1-1.

A. Gulteki N, Mater. Sci., 20, (2014) 1.

119. M.Stucchiab, L. Bianchib, ArgirusiscV. Pifferib, .NeppoliandG.Cerratoe, Boffito, Ultrasonics Sonochem, 40, (2018) 282-288.

120. J. Yu, J. Xiong, B. Cheng, S. wei Liu, Appl. Cata. B: Env.,60 (3-4), (2005) 211221.

A. Kubacka Mario J. Munoz-Batista Manuel Ferrer Marcos Fernandez Garcia, Appl.Cata. B: Env., 140-141, (2013) 680-690.

121. S. Sena, S. Mahantya, S. Roya, O. Heintzb, S. Bourgeoisb, D. Chaumont, Thin Solid Films 474 (1-2) (2005) 245-249.

122. N. Thi Dieu Cam, M. Hung Thanh Tung, Vietn. J. Chem, International Edition, 55(2), (2017) 167-171.

Buy your books fast and straightforward online - at one of world's fastest growing online book stores! Environmentally sound due to Print-on-Demand technologies.

Buy your books online at
www.morebooks.shop

Compre os seus livros mais rápido e diretamente na internet, em uma das livrarias on-line com o maior crescimento no mundo! Produção que protege o meio ambiente através das tecnologias de impressão sob demanda.

Compre os seus livros on-line em
www.morebooks.shop

Printed by Books on Demand GmbH, Norderstedt / Germany